Wildpilze

sammeln & genießen

Anna Del Conte
und Thomas Læssøe
mit Susan Campbell
und Andrew Sartain

Wildpilze

sammeln & genießen

Mit über 50 raffinierten Rezepten

DK
Dorling Kindersley

DORLING KINDERSLEY
London, New York, Melbourne, München und Delhi

Wichtiger Hinweis
Verzichten Sie beim geringsten Zweifel über die Essbarkeit eines Pilzes auf das Sammeln. Verlag und Autoren warnen zudem ausdrücklich vor dem Verzehr alter oder nicht frisch verarbeiteter Pilze und grundsätzlich vor dem Rohverzehr.

Redaktion Ariane Durkin
Gestaltung Kathryn Wilding
Bildredaktion Susan Downing
Cheflektorat Dawn Henderson
Chefbildlektorat Christine Keilty
Herstellung Jenny Woodcock, Wendy Penn

Fotos (Rezepte und Techniken) William Reavell

Für die deutsche Ausgabe:
Programmleitung Monika Schlitzer
Projektbetreuung Regina Franke
Herstellungsleitung Dorothee Whittaker
Herstellung und Covergestaltung Mareike Hutsky

Bibliografische Information Der Deutschen Bibliothek
Die Deutsche Bibliothek verzeichnet diese Publikation in der Deutschen Nationalbibliografie; detaillierte bibliografische Daten sind im Internet über http://dnb.ddb.de abrufbar.

Titel der englischen Originalausgabe:
The edible mushroom book

Übersetzung Dr. Andrea Kamphuis
Redaktion Barbara Kiesewetter

ISBN: 978-3-8310-1358-6

Colour reproduction by Colourscan, Singapore
Printed and bound in China by
Hung Hing Offset Printing Company Ltd.

Besuchen Sie uns im Internet
www.dk.com

Hinweis
Die Informationen und Ratschläge in diesem Buch sind von den Autoren und vom Verlag sorgfältig erwogen und geprüft, dennoch kann eine Garantie nicht übernommen werden. Eine Haftung der Autoren bzw. des Verlags und seiner Beauftragten für Personen-, Sach- und Vermögensschäden ist ausgeschlossen.

Inhalt

Bei Menschen, die wilde Speisepilze sammeln, lassen sich drei Motive unterscheiden. Das erste ist der uralte Instinkt, sich kostenlose Nahrung zu verschaffen. Das zweite Motiv ist kommerzieller Natur: Manche Arten erzielen auf dem Markt erstaunlich hohe Preise. Unter Pilzsammlern und hoffentlich auch unter unseren Lesern am weitesten verbreitet ist das dritte, das ästhetische Motiv. Es geht nicht nur um Zutaten für ein schmackhaftes Mahl oder um einen kleinen Zusatzverdienst: Die Suche nach Pilzen kann uns an unglaublich schöne Orte führen, an denen wir uns von der Vollkommenheit, dem eigentümlichen Lebenszyklus und dem variablen Erscheinungsbild der Pilze fesseln lassen.

Allerdings bleibt es zunächst immer ungewiss, ob sich das Sammeln überhaupt lohnen wird. An manchen Tagen machen wir uns kaum Hoffnungen, an anderen spüren wir, dass wir mit vollen Körben heimkehren werden. Wenn wir einen reichen Fund gemacht haben, erzählen wir dies stolz und geben anderen gerne etwas davon ab – aber die Stelle verraten wir bestenfalls unserer Familie und den allerbesten Freunden!

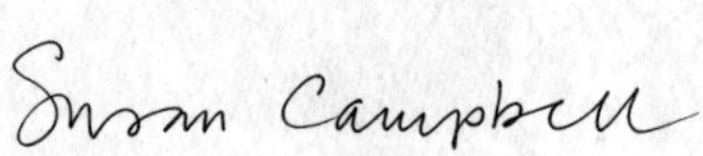

Susan Campbell

All meine Rezepte haben eine starke italienische Note: Ich habe in Italien kochen gelernt und bin verrückt nach italienischer Küche. Für Pilze gilt das ganz besonders. Schon als Kind habe ich an den Hängen der Alpen und des Appenin Pilze gesucht, und später in England bin ich mit meinen Kindern zum Sammeln durch Wimbledon Common, Richmond Park, Hampstead Heath und New Forest gestreift. In jenen herrlichen Tagen war das Pilzesammeln dort noch nicht zum Volkssport geworden; wir konkurrierten nur mit einer Handvoll anderer Liebhaber und brachten oft Berge von Röhrlingen nach Hause.

Inzwischen sieht das etwas anders aus. Aber das Sammeln macht immer noch Spaß und ermöglicht meinen Freunden und mir die Zubereitung einiger unserer Lieblingsrezepte. Neben der sicheren Bestimmung der essbaren Arten kommt es vor allem darauf an, die Ausbeute auf die passendste Weise zuzubereiten. Pfifferlinge und Morcheln vertragen sich zum Beispiel prima mit Sahne, während ein Steinpilz Olivenöl braucht. Erfreuen Sie sich an der Zubereitung all der schmackhaften Pilze, die hier vorgestellt werden, und lassen Sie sich die Resultate schmecken!

Anna Del Conte

Anna Del Conte

Visuelle Übersicht

Die Pilze sind im nachfolgenden Kapitel »In der Natur« nach der Jahreszeit, in der sie überwiegend vorkommen, geordnet.

Speisemorchel
Seite 40

Halbfreie Morchel
Seite 41

Mairitterling
Seite 42

Sommertrüffel
Seite 43

Schwefelporling
Seite 44

Pfifferling
Seite 45

Totentrompete
Seite 46

Krause Glucke
Seite 47

Leberreischling
Seite 48

Nelkenschwindling
Seite 49

Rotbrauner Streifling
Seite 50

Orangegelber Streifling *Seite 51*

Kaiserling
Seite 52

Parasol (Riesen-schirmpilz) *Seite 53*

Safranschirmling
Seite 54

Wiesenchampignon
Seite 55

Schafchampignon
Seite 56

Dünnfleischiger Anis-champignon *Seite 57*

Reifpilz
Seite 58

Frauentäubling
Seite 59

Steinpilz
Seite 60

Sommersteinpilz
Seite 61

Hasenröhrling
Seite 62

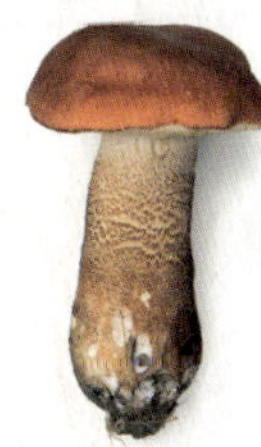

Espenrotkappe
Seite 63

Heiderotkappe
Seite 64

Birkenröhrling
Seite 65

Butterpilz
Seite 66

Kuhröhrling
Seite 67

Riesenbovist
Seite 68

Wiesenstäubling
Seite 69

Rötlicher Lacktrichterling *Seite 70*

Semmelstoppelpilz
Seite 71

Mönchskopf
Seite 72

Hallimasch
Seite 73

Violetter Rötelritterling *Seite 74*

Lilastiel-Rötelritterling *Seite 75*

Geselliger Rasling
Seite 76

Mehlpilz
Seite 77

Schopftintling
Seite 78

Edelreizker
Seite 79

Kleiner Waldchampignon *Seite 80*

Riesenchampignon
Seite 81

Maronenröhrling
Seite 82

Goldröhrling
Seite 83

Flaschenstäubling
Seite 84

Trompetenpfifferling
Seite 85

Austernseitling
Seite 86

Birnenstäubling
Seite 87

Samtfußrübling
Seite 88

Weiße Albatrüffel
Seite 89

Perigordtrüffel
Seite 90

Judasohr
Seite 91

In der Natur

Sammeltipps

Die Suche nach Speisepilzen ist höchst spannend, und sobald Sie die Grundlagen beherrschen, kann es passieren, dass Sie einem wahren Jagdfieber erliegen. Ein paar Regeln gilt es allerdings unbedingt einzuhalten, um »Jagdunfälle« zu vermeiden.

1 Wenn Sie Zweifel haben, ESSEN SIE SIE NICHT.
Sie müssen sich absolut sicher sein, dass die Pilze, die Sie essen möchten, nicht giftig sind. Ein paar Arten sind tödlich; viele weitere führen zu Erbrechen und Durchfall. Wenn Sie eine Art nicht ganz sicher bestimmen können, ziehen Sie ggf. einen Pilzsachverständigen oder ein zuverlässiges Pilzbuch zu Rate. Achten Sie zur Identifizierung auf den Lebensraum des Pilzes und sein gesamtes Aussehen, von der Hutoberseite bis hinunter zum Stielansatz. Wenn der Hut reif ist, können Sie auch einen Sporenabdruck anfertigen *(siehe S. 36)*.

2 Entnehmen Sie keine Pilze aus Schutzgebieten.
In manchen Nationalparks und anderen öffentlich zugänglichen Gebieten gelten für das Sammeln von Pilzen spezielle Regeln, die meist gut sichtbar aushängen. Verstöße können mit Bußgeldern geahndet werden.

3 Respektieren Sie Privatbesitz.
Wenn Sie in Wäldern, Parks oder Feldern sammeln wollen, holen Sie vorher die Genehmigung des Eigentümers ein.

4 Verhalten Sie sich verantwortungsvoll.
Trampeln Sie keine Pflanzen oder Zäune nieder, schonen Sie den Waldboden, brechen Sie keine Äste ab. Halten Sie Ihren Hund unter Kontrolle und bleiben Sie leise – die Ruhe der Natur sollte nicht gestört werden. Vor allem: Nehmen Sie nur so viel mit, wie Sie wirklich brauchen.

< **Die Pilzsuche** kann Sie an wunderschöne Orte führen.

Ausrüstung

Bevor Sie auf Pilzsuche gehen, sollten Sie eine Grundausrüstung zusammenstellen. **Ein leichter, weiter Korb mit flachem Boden** ist für den Transport ideal. Plastiktüten sind im Notfall praktisch, können empfindliche Pilze aber zerquetschen und lassen sie schwitzen. Ein Hut oder ein großes, sauberes Taschentuch ist als provisorischer Behälter besser geeignet.

Ein Messer brauchen Sie, um Pilze von Baumstümpfen zu schneiden und sie zu säubern, bevor Sie sie in den Korb legen. Am besten eignen sich spezielle Pilzmesser, die wie Taschenmesser zusammengeklappt werden und eine krumme, scharfe Edelstahlklinge haben. Mit dem geriffelten Klingenrücken kann man groben Schmutz abkratzen, mit der kleinen Bürste am anderen Ende feinere Partikel auf oder in dem Pilz entfernen. Ein Taschenmesser oder ein kleines Gemüsemesser tut es aber auch.

Ein langer Spazierstock ist ebenfalls praktisch – nicht nur, um Gräben zu überwinden und Hügel zu erklimmen, sondern auch, um die Waldstreu vorsichtig beiseite zu schieben oder eine Fundstelle zu markieren. Wenn Sie Ihr Messer daran befestigen, können Sie auch Pilze abschneiden, die hoch an einem Stamm ansitzen.

Selbstverständlich sind bequeme **wasserdichte Stiefel** und eine **Regenjacke** nützlich. Selbst sehr erfahrene Pilzsammler können in einen Sammelrausch geraten und sich irgendwann mit schweren Körben meilenweit vom Ausgangsort entfernt wiederfinden. Ziehen Sie daher mit leichtem Gepäck los, in dem ein **Snack** und ein **Getränk**, eine **Karte** *und* ein **Kompass** enthalten sein sollten. Handys haben im Wald oft keinen Empfang und man verliert sie leicht. Wenn Sie sich verlaufen haben, achten Sie auf Straßengeräusche.

Ein Messer zum Abschneiden und Reinigen

Grundausrüstung zum Pilzesammeln

Wann suchen?

In Pilzbestimmungsbüchern – auch diesem – steht immer, wann eine Art am ehesten zu finden ist. Diese Angaben sind jedoch zwangsläufig pauschal, und der Klimawandel hat in den letzten Jahren je nach Örtlichkeit zu längeren oder kürzeren Zeitfenstern geführt und einige Arten sogar ganz verschwinden lassen. Es ist sehr sinnvoll, Pilzfunde in ein Tagebuch einzutragen, um in späteren Jahren gezielter suchen zu können. Bedenken Sie aber, dass die Pilze selbst nicht nach dem Kalender leben und immer für Überraschungen gut sind.

Wetterlage

Ebenso sehr wie die Jahreszeit beeinflusst das Wetter das Pilzwachstum. Vor allem Feuchtigkeit und Temperatur müssen stimmen, damit ein Pilz Fruchtkörper ausbildet, aber auch Licht und Tageslänge spielen eine Rolle. Ausgedehnte Trockenheit ist ebenso abträglich wie starker Dauerregen. Im Frühjahr und Sommer sollte man bei warmem, freundlichem Wetter nach einigen niederschlagsreichen Tagen losziehen. Auch milde, feuchte Herbst- und Wintertage sind vielversprechend. Frost und Schnee setzen dem Wachstum ein Ende, aber ein paar Arten wie der Trompetenpfifferling überstehen kurze Frosteinbrüche.

Früh aufstehen

Der gesunde Menschenverstand gebietet einem, früh zur Pilzsuche aufzubrechen. Vor allem im Herbst und Winter nutzt man so das Tageslicht voll aus, und die Fruchtkörper, die sich über Nacht entwickelt haben, sind meist noch nicht angefressen oder niedergetreten. Und vor allem haben Frühaufsteher die beste Chance, konkurrierenden Pilzsammlern zuvorzukommen.

Der frühe Morgen ist die beste Zeit zur Suche.

Wo suchen?

Pilzsammler ernten im Grunde die Früchte von Organismen, die – im Unterschied zu Apfelbäumen oder Stachelbeersträuchern – keine Fotosynthese betreiben. Stattdessen verwerten Pilze organische Stoffe: als Schmarotzer wie der Hallimasch, der an lebenden Baumstämmen wächst, als Saprophyten wie der Wiesenchampignon, der von Kompost und Mist lebt, oder als Symbionten.

Lebensgemeinschaften mit Bäumen

Pilze bestehen nicht nur aus den sichtbaren Fruchtkörpern, sondern vor allem aus Netzen oder Matten feinster unterirdischer Fäden, dem sogenannten Myzel. Es hilft zu wissen, von welchem verrotteten oder organischen Material eine bestimmte Pilzart lebt. Manche bilden eine Mykorrhiza aus, Symbiosen mit den Wurzeln bestimmter Bäume. Da die Wurzeln weitläufig sind, können die Pilzfruchtkörper in einigem Abstand zu den Baumstämmen auftreten.

Bevorzugte Standorte

Pilze finden sich in vielen Lebensräumen. Jede Art bevorzugt einen bestimmten Bodentyp, eine bestimmte Feuchtigkeit und eine gewisse Lichtintensität. Auch kommen viele offenbar nur in bestimmten Höhen vor; schon ein paar Meter darüber oder darunter findet man sie kaum. Oft deutet die Gegenwart gewisser ungenießbarer Pilze auf die Eignung eines Lebensraums für einen Speisepilz hin. Die wichtigsten Pilzstandorte sind Laubwälder, Nadelwälder, Mischwälder, Weiden, Parks und unter Umständen sogar städtischer Siedlungsraum. Auf den folgenden Seiten *(S. 20–29)* stellen wir diese Lebensräume und einige Pilzarten vor, die Sie dort eventuell finden können.

Glückssache

In der Welt der Pilze gibt es keine Gewissheiten. Halten Sie die Augen offen – dann werden Sie früher oder später auch einige Prachtexemplare entdecken und genießen.

< **Pilze gedeihen** in vielen Lebensräumen.

Manche Pilze wachsen nur an Baumwurzeln.

1 Oben an der Rinde

Schwefelporling *(Laetiporus sulphureus)*, S. 44. Halten Sie dort auch Ausschau nach Judasohren *(Auricularia auricula-judae)*, S. 91.

2 Unter lebenden Laubbäumen

Reifpilz
(Cortinarius caperatus), S. 58. Hier können Sie auch nach Hasenröhrlingen *(Gyroporus castaneus)*, S. 62, und Sommertrüffeln *(Tuber aestivum)*, S. 43, suchen.

3 Waldstreu und Moos

Totentrompete
(Craterellus cornucopioides), S. 46. Hier wachsen auch Pfifferlinge *(Cantharellus cibarius)*, S. 45, und Semmelstoppelpilze *(Hydnum repandum)*, S. 71.

Wo suchen?

Laubwälder im Herbst

In Laubwäldern wachsen Bäume wie Eichen, Birken und Buchen. Hier finden Sie Pilze, die mit den Wurzeln dieser Bäume zusammenleben (sog. Mykorrhizapilze).

1 Oben an der Rinde
Blicken Sie im Wald nicht nur nach unten. Weiter oben finden Sie Pilze, die auf lebenden Bäumen gedeihen. Der leuchtend orangegelbe Schwefelporling ist leicht zu entdecken. Auch das Judasohr wächst hier.

2 Unter lebenden Laubbäumen
In der Nähe von Buchen, Birken, Eichen usw. finden Sie Pilze, die auf diese Laubbäume angewiesen sind. Oberirdisch wachsen Reifpilze und Hasenröhrlinge, zwischen den Wurzeln Sommertrüffeln.

3 Zwischen Waldstreu und Moos
In der Streu am Waldboden verbergen sich oft große Kolonien von Totentrompeten, die durch ihre dunkle Färbung getarnt sind. Auch Pfifferlinge und Semmelstoppelpilze wachsen hier zuweilen in Scharen.

4 Auf kleinen Graslichtungen
Auf grünen Fleckchen lohnt die Suche nach Pilzen, die gern im Gras wachsen, zum Beispiel Parasol oder Nelkenschwindling.

5 Tote oder sterbende Bäume
Untersuchen Sie die Rinde toter und sterbender Bäume und liegende Stämme auf Austernseitlinge. Auf kranken, schwachen Bäumen können Sie Samtfußrüblinge finden.

4 Kleine Graslichtungen

Parasol/Riesenschirmpilz *(Macrolepiota procera)*, S. 53. Suchen Sie auch nach dem Nelkenschwindling *(Marasmius oreades)*, S. 49.

5 Tote/sterbende Bäume

Austernseitling *(Pleurotus ostreatus)*, S. 86. Hier könnten Sie auch den Samtfußrübling *(Flammulina velutipes)*, S. 88, finden.

2 In der Waldstreu

Kleiner Waldchampignon
(Agaricus silvaticus), S. 80.
Suchen Sie auch nach der Totentrompete *(Craterellus cornucopioides)*, S. 46.

1 Baumstümpfe

Krause Glucke
(Sparassis crispa), S. 47

3 Feuchte Stellen unter Kiefern

Edelreizker
(Lactarius deliciosus), S. 79

Wo suchen?

Nadelwälder im Herbst

In Nadelwäldern dominieren Nadelbäume wie Fichten und Kiefern. Dort lohnt sich die Suche nach Pilzen, die auf Koniferenwurzeln angewiesen sind.

1 Auf Baumstümpfen

Auf Baumstümpfen von Nadelbäumen wächst unter anderem die Krause Glucke. Sie bildet einen großen, schwammartigen Fruchtkörper aus.

2 Zwischen der Waldstreu

Untersuchen Sie die Nadelschicht auf dem Boden genau auf Ansammlungen oder Hexenringe des Kleinen Waldchampignons. Auch die Totentrompete kommt hier vor.

3 An feuchten Stellen unter Kiefern

Suchen Sie insbesondere unter Kiefern mit paarigen Nadeln wie der Waldkiefer nach Edelreizkern, die in Symbiose mit deren Wurzeln leben und Feuchtigkeit lieben.

4 Unter Kiefern

Halten Sie unter Kiefergewächsen nach Pilzen Ausschau, die Lebensgemeinschaften mit deren Wurzeln bilden. Dazu zählen z. B. Kuhröhrlinge, Butterpilze, Semmelstoppelpilze und Trompetenpfifferlinge.

5 Auf fetten Böden

Auf fetten, schweren Waldböden stehen die Chancen gut, Dünnfleischige Anischampignons zu entdecken, die oft in Grüppchen und manchmal in Hexenringen auftreten.

4 Unter Kiefern

Kuhröhrling *(Suillus bovinus)*, S. 67. Halten Sie auch nach Butterpilzen *(Suillus luteus)*, S. 66, Semmelstoppelpilzen *(Hydnum repandum)*, S. 71, und Trompetenpfifferlingen *(Cantharellus tubaeformis)*, S. 85, Ausschau.

5 Auf fetten Böden

Dünnfleischiger Anischampignon *(Agaricus silvicola)*, S. 57

2 Umgestürzte Bäume

Trompetenpfifferling *(Cantharellus tubaeformis)*, S. 85. Halten Sie auch nach Austernseitlingen *(Pleurotus ostreatus)*, S. 86, Ausschau.

1 An Wegrändern

Steinpilz *(Boletus edulis)*, S. 60. Suchen Sie auch nach dem Rötlichen Lacktrichterling *(Laccaria laccata)*, S. 70.

3 Moosige Böschungen

Semmelstoppelpilz *(Hydnum repandum)*, S. 71

Wo suchen?

Mischwald im Herbst

Mischwälder enthalten sowohl Laub- als auch Nadelbäume. In ihnen kann ein breites Spektrum an Speisepilzen gedeihen.

1 An den Rändern von Waldwegen
Wenn Sie durch den Wald spazieren, achten Sie stets auf den begehrten Steinpilz, der allein oder in Gruppen an Wegrändern steht. Auch der Rötliche Lacktrichterling wächst hier auf feuchtem Boden.

2 An toten, liegenden Baumstämmen
In der Nachbarschaft umgekippter Stämme können Sie große Ansammlungen von Trompetenpfifferlingen entdecken, die sich durch ihre leuchtend gelben Stiele verraten. Direkt an der Rinde wachsen Austernseitlinge.

3 An bemoosten Grabenböschungen
In moosreichen Waldgebieten sollten Sie Semmelstoppelpilze suchen, die durch ihre Cremefarbe leicht zu sehen sind und in großen oder kleinen Gruppen oder ovalen Ringen wachsen.

4 Auf Eichenstämmen
Die Stämme alter Eichen sind gute Fundstellen für den auffälligen, blutroten Leberreischling. Auch Judasohren wachsen hier.

5 In dicken Streuschichten
Nährstoffreiche Substrate wie Waldstreu oder reifer Kompost beherbergen oft Grüppchen Violetter Rötelritterlinge oder Ansammlungen von Safranschirmlingen.

4 Eichenstämme

Leberreischling *(Fistulina hepatica)*, S. 48. Suchen Sie auch nach Judasohren *(Auricularia auricula-judae)*, S. 91.

5 In dicker Waldstreu

Violetter Rötelritterling *(Lepista nuda)*, S. 74. Auch Safranschirmlinge *(Chlorophyllum rhacodes)*, S. 54, können hier wachsen.

1 Nackter Boden

Flaschenstäubling
(Lycoperdon perlatum), S. 84

2 Üppiges Grasland

Wiesenchampignon
(Agaricus campestris), S. 55. Suchen Sie auch nach Lila-stiel-Rötelritterlingen *(Lepista saeva)*, S. 75, und im Frühjahr und Sommer nach Mairitterlingen *(Calocybe gambosa)*, S. 42.

3 Pferdeweiden

Schafchampignon
(Agaricus arvensis), S. 56. Halten Sie auch nach dem Wiesenstäubling *(Vascellum pratense)*, S. 69, und dem Parasol *(Macrolepiota procera)*, S. 53, Ausschau.

Wo suchen?

Weideland im Herbst

Eine Weide ist eine Wiese, auf der Nutztiere wie Kühe oder Pferde grasen. Oft gilt hier: je stärker die Weidetätigkeit, desto mehr Pilze.

1 Auf dem nackten Boden
Inspizieren Sie kahle Bodenflecken, vor allem an Weiderändern und in Waldnähe. Hier wachsen Flaschenstäublinge, und zwar oft in dichten Gruppen oder Trauben.

2 Auf üppigem Grasland
Wenn Sie über offene Weiden und Wiesen wandern, halten Sie Ausschau nach Wiesenchampignons und Lilastiel-Rötelritterlingen, die beide große Ansammlungen oder Ringe bilden. Im Frühjahr und Sommer wächst hier auch der Mairitterling.

3 Auf Pferdeweiden
Wo Pferde grasen, wachsen oft Schafchampignons, für gewöhnlich in Hexenringen. Sie können auch auf Ansammlungen von Parasols oder Wiesenstäublingen stoßen.

4 Auf oder bei verrottenden Laubbäumen
Untersuchen Sie das Holz toter Laubbäume, z. B. von Obstbäumen, nach Hallimasch. Normalerweise bildet der Pilz dichte Trauben am oder neben dem Stamm.

5 Auf überdüngtem Boden
Halten Sie nach gestörten Böden Ausschau, da Riesenboviste oder -stäublinge stark gedüngte Böden mögen. Daher lohnt es sich, zwischen den Brennnesseln am Rand von Weiden oder Waldstücken nach diesem auffälligen Pilz zu suchen.

4 Verrottende Laubbäume

Hallimasch *(Armillaria mellea, A. gallica)*, S. 73

5 Gestörter Boden

Riesenbovist *(Calvatia gigantea)*, S. 68

1 In hohem Gras

Wiesenstäubling *(Vascellum pratense)*, S. 69. Suchen Sie auch nach Mehlpilzen *(Clitopilus prunulus)*, S. 77.

2 Rasenflächen

Lilastiel-Rötelritterling *(Lepista saeva)*, S. 75. Halten Sie auch nach dem Parasol *(Macrolepiota procera)*, S. 53, Ausschau.

3 Gestörter Boden

Geselliger Rasling *(Lyophyllum decastes)*, S. 76. Auch Riesenbovist *(Calvatia gigantea)*, S. 68, und Schopftintling *(Coprinus comatus)*, S. 78, wachsen hier.

4 Verrottendes Holz

Birnenstäubling *(Lycoperdon pyriforme)*, S. 87. Suchen Sie auch nach Austernseitlingen *(Pleurotus ostreatus)*, S. 86.

Wo suchen?

Parks im Herbst

Sowohl städtische als auch ländliche Parks können viele Speisepilze beheimaten.

1 Im hohen Gras

Suchen Sie zwischen den Halmen nach kleinen weißen Beulen, die sich als Wiesenstäublinge entpuppen können. Auch der Mehlpilz mag grasreiche Lebensräume.

2 Rasenflächen und Golfplätze

Offene Flächen mit kurzer Grasnarbe sind ideal für Lilastiel-Rötelritterlinge, die zumeist in kleinen Ansammlungen oder gut entwickelten Hexenringen wachsen. Sie könnten auch auf vereinzelte Parasol-Ansammlungen stoßen.

3 Auf gestörten Böden

Der Gesellige Rasling wächst auf Flecken mit gestörtem Boden, und zwar – wie der Name sagt – in dichten Büscheln. Hier finden Sie mit etwas Glück auch Riesenstäublinge und Schopftintlinge

4 Auf verrottendem Holz

Untersuchen Sie tote Bäume auf Birnenstäublinge, deren große, dichte Büschel auf der Rinde leicht auffallen. Auch Austernseitlinge findet man oft auf verrottendem Laubholz.

5 In der Streu unter Lärchen

Suchen Sie unter oder rings um Lärchen nach Goldröhrlingen. Die Ansammlungen dieses kräftig gefärbten Pilzes sind im Gras und in der Streu leicht zu entdecken.

5 In Lärchenstreu

Goldröhrling
(Suillus grevillei), S. 83

Wildpilze ernten

Zunächst müssen Sie ihren Fund bestimmen. Untersuchen Sie ihn vom Hut bis zum Stielansatz; berücksichtigen Sie seinen Lebensraum und Geruch, seine Farbe, Größe und Form. Bedenken Sie, dass das Erscheinungsbild von Pilzfruchtkörpern sich im Laufe ihrer Entwicklung verändert.

Den Pilz entnehmen

Manche Pilzsammler sind gegen das Abschneiden. Sie möchten den Stiel nicht kappen, um den Pilz sicherer bestimmen zu können, und ziehen ihn entweder mit den Fingern oder mit dem Messer vorsichtig aus dem Substrat. Bei besonders zähen Stielen hilft aber oft nur Durchschneiden. Zerren Sie den Pilz auf keinen Fall grob aus dem Boden, denn das beschädigt das Myzel, sodass es womöglich keine weiteren Fruchtkörper mehr ausbilden kann.

Seien Sie wählerisch

Sobald Sie sich sicher sind, einen Speisepilz vor sich zu haben, prüfen Sie, ob er nicht schon zu weich oder madig ist. Solche überreifen Exemplare sollten Sie stehen lassen, damit sie ihre Sporen verteilen und für Nachwuchs sorgen können. Ernten Sie nur erstklassige Exemplare: Sie sollten fest, wohlriechend und madenarm sein.

Befreien Sie den Pilz sanft mit einem Messer.

Nur sauber in den Korb

Damit kein Schmutz in die Lamellen Ihrer Pilze gelangt, sollten Sie jeden Pilz säubern, bevor Sie ihn zu den anderen legen. Bürsten oder wischen Sie grobe Partikel ab, schneiden Sie zähe Stielansätze ab. (Vorsicht, solche Abfälle verraten routinierten Sammlern gute Fundorte!) Halten Sie die einzelnen Arten möglichst getrennt.

Betrachten Sie den ganzen Pilz, auch den Stiel.

Nehmen Sie nur einwandfreie Exemplare mit.

Bestimmungsteil

Um Ihre Funde zu bestimmen und sicher zu wissen, ob sie genießbar sind, müssen Sie alle Merkmale einbeziehen: die Form, Textur und Größe des Hutes, das Aussehen des Stiels und der Lamellen und die Farbe der Sporen. Dieses visuelle Glossar enthält die exakten Bezeichnungen, mit denen Pilzexperten (Mykologen) die äußerlichen Merkmale der Hüte, Stiele und Lamellen beschreiben.

Hüte

Der Hut ist oft der erste Teil eines Pilzes, der einem ins Auge springt. Vor allem vier Eigenschaften gilt es zu beachten: Farbe, Form, Textur sowie Aussehen der Oberfläche.

Gewölbt Form rundlich o. konvex

Kegelig Mittig spitz zulaufend

Trichterförmig Mitte abgesenkt

Faltig Hirn- oder Wabenstruktur

Gebuckelt Höcker in der Mitte

Flockig Abwischbare Hüllenreste

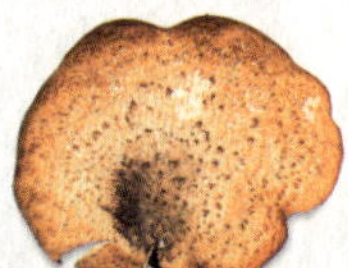

Schuppig Fest anhaftende Teile der Huthaut

Durchscheinend gerieft Lamellen schimmern durch.

Gerieft Leicht gefurcht

Konzentrisch gezont Ungleichmäßiges Wachstum

Faserschuppig Lange, faserige Schuppen

Rand eingerollt Lamellenenden verborgen

Schleimig Haut mit Gallerte überzogen

Stiele

Beurteilen Sie die Größe und Form des Stiels. Hat er einen Ring, einen Schleier oder eine Scheide *(siehe Glossar, S. 186)*? Fühlt er sich trocken oder klebrig an? Schneiden Sie ihn längs durch: Ist er voll, hohl oder gekammert?

Wurzelnd Stiel wurzelt im Boden.

Knollig Basis keulig verdickt

Zugespitzt Stielbasis verjüngt

Stiel mit Ring und Scheide

Lamellen

Die Fruchtkörper von Hutpilzen und anderen Ständerpilzen tragen sporenproduzierendes Gewebe an der Unterseite. Dieses kann in Lamellen (Blättern), Stacheln oder Röhren angeordnet sein oder glatt erscheinen. Sehen Sie sich die Unterseite unbedingt genau an: Viele Pilze sehen von oben wie Blätterpilze aus, haben aber Stacheln, Röhren oder eine glatte Schicht statt Lamellen. Um die vielen Blätterpilze voneinander zu unterscheiden, prüfen Sie, ob und wie die Lamellen an der Nahtstelle zwischen Stiel und Hut ansitzen.

Gleich lang Lamellen durchgehend

Ungleich lang oder untermischt

Gegabelt Zum Rand hin verzweigt

Gedrängt Dicht nebeneinander

Entfernt stehend Größere Abstände

Ringförmiger Kollar um den Stiel

Fächerförmig vom Hutrand ausstrahlend

Stacheln oder Stoppeln

Poren Röhren mit engen Öffnungen

Lamellenartige verlängerte Poren Labyrinthartig

Lamellenschneiden

Details wie der genaue Ansatz am Stiel, also die Lamellenhaltung, oder die Form der Lamellenschneide liefern ebenfalls wichtige Hinweise auf die genaue Identität eines Blätterpilzes. Manchmal haben alle Arten einer Pilzgattung oder -familie genau denselben Lamellenansatz.

Frei Nicht mit dem Stiel verbunden

Gezähnelt Schneide nicht glatt

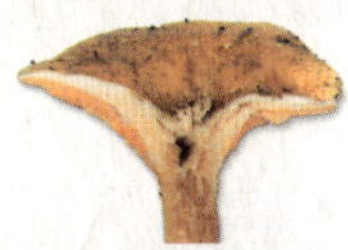

Herablaufend und sichelförmig

Ausgebuchtet und gekerbt

Breit angewachsen am Stiel

Angeheftet Schmaler Ansatz

Sporenfarbe

Sobald Sie von der Pilzsuche nach Hause kommen, sollten Sie von jedem unidentifizierten Pilz einen Sporenabdruck anfertigen. Die Sporenfarbe ist nämlich ein gutes Bestimmungsmerkmal. Verwenden Sie frische Exemplare; vertrocknete liefern nicht genug Sporen.

Anfertigen eines Sporenabdrucks

Scheiden Sie mit einem scharfen Messer den Hut ab und legen Sie ihn mit den Lamellen nach unten auf weißes oder schwarzes Papier. (Auf dunklem Untergrund sind helle Sporen besser zu erkennen.) Wenn Sie sich nicht sicher sind, legen sie ihn mittig auf ein weißes und ein schwarzes Blatt. Die besten Ergebnisse erzielt man, wenn man den Hut mit einem Tropfen Wasser benetzt und mehrere Stunden oder über Nacht mit einer Glasschüssel abdeckt: je länger, desto größer die Ausbeute. Der Abdruck, den die Sporen auf dem Papier hinterlassen, zeigt auch den genauen Abstand zwischen den Lamellen.

1 Den frischen Hut vorsichtig auf zweifarbiges Papier legen. Einen Tropfen Wasser auf den Hut geben, mit einer Glasschüssel abdecken.

2 Über Nacht ruhen lassen. Erst die Schüssel, dann den Hut vorsichtig abheben.

Farbkategorien

Um die Sporenfarbe zu bestimmen, müssen Sie einen satten Abdruck bei Tageslicht betrachten. Die Farben können wie folgt eingeteilt werden: rosa bis rot, Ocker- und Erdtöne, rostrot bis rotbraun, violett bis braun, schwarz, weiß bis creme. Einige Arten fallen aus dem Rahmen, z. B. der giftige Grünsporschirmling *Chlorophyllum molybdites*. Innerhalb einer Gattung variiert die Sporenfarbe meist nur wenig.

Rosa bis rot

Ocker- u. Erdtöne

Rostfarben

Violett bis braun

Schwarz

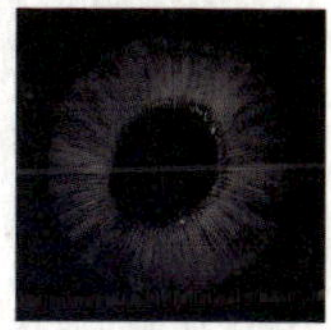

Weiß bis creme

Fruchtkörpergröße

Auch die Größe des Fruchtkörpers kann Anhaltspunkte für die Bestimmung geben, aber sie kann aufgrund der Umweltbedingungen, der Ergiebigkeit des Substrats und anderer Faktoren stark variieren. Dennoch sollte sie auf jeden Fall festgehalten werden.

Fruchtkörper vermessen

Blätterpilze, Röhrenpilze und konsolenförmige Porenpilze sind mit einem Lineal oder Maßband recht einfach zu vermessen. Sie sollten die Hut-, Stiel- und Lamellenmaße festhalten. Hier sehen Sie, wo genau Sie messen sollten.

Größenmaßstab

Die Pilze in diesem Buch sind so unterschiedlich, dass sie nicht alle im selben Maßstab dargestellt werden können. Das Symbol rechts unten in den Artenporträts deutet an, wie sich ein mittelgroßes Exemplar zu einer Hand (20 cm lang) verhält.

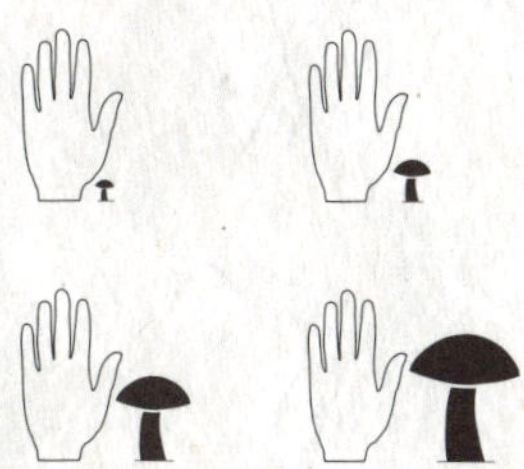

Giftpilze: Die 10 wichtigsten Arten

Einige Pilzarten sind lebensgefährlich giftig, viele weitere verursachen Erbrechen und Durchfall. Hier stellen wir ihnen die zehn häufigsten giftigen Arten und ihre eindeutigsten Erkennungsmerkmale vor. Prägen Sie sich diese sehr gut ein. Und vergessen Sie nie: Wenn Sie Zweifel an der Identität eines Pilzes haben, werfen Sie ihn weg.

Grüner Knollenblätterpilz *Amanita phalloides*
Tödlich giftig. Verwechslung mit dem Rotbraunen oder Orangegelben Streifling *(S. 50–51)* möglich.

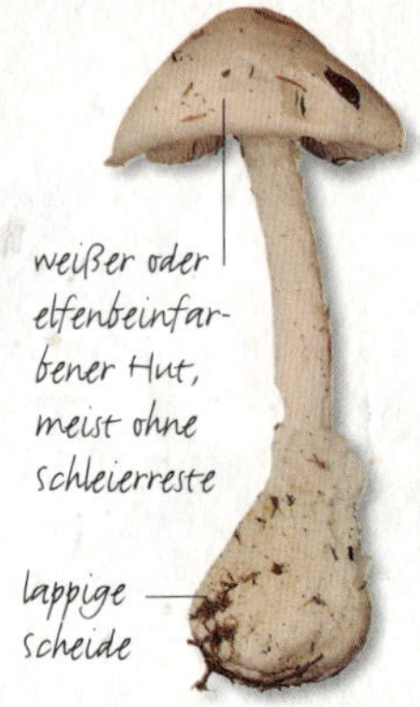

Kegelhütiger Knollenblätterpilz *Amanita virosa*
Tödlich giftig. Verwechslung mit Champignons (Gattung *Agaricus*, *S. 55–57)* möglich.

Pantherpilz *Amanita pantherina*
Giftig. Achtung, variable Färbung! Ein Verwandter des geflockten und ebenso giftigen Fliegenpilzes.

Ziegelroter Risspilz *Inocybe erubescens*
Giftig. Kann gelegentlich mit dem Mairitterling *(S. 42)* verwechselt werden.

Spitzgebuckelter Raukopf
Cortinarius rubellus
Tödlich giftig. Kann mit Pfifferlingen *(S. 45 und 85)* und Totentrompete *(S. 46)* verwechselt werden.

Rinnigbereifter Trichterling
Clitocybe rivulosa
Tödlich giftig. Leicht mit dem Nelkenschwindling *(S. 49)* oder dem Mehlpilz *(S. 77)* zu verwechseln.

Frühjahrslorchel
Gyromitra esculenta
Tödlich giftig. Ähnelt den essbaren Morcheln *(S. 40–41)*, aber der Hut hat Falten statt Waben o. Gruben.

Kahler Krempling
Paxillus involutus
Tödlich giftig. Der eingerollte Rand ist ein gutes Erkennungsmerkmal.

Karbolchampignon
Agaricus xanthoderma
Giftig. Leicht mit essbaren Champignon-Arten *(S. 55–57)* zu verwechseln.

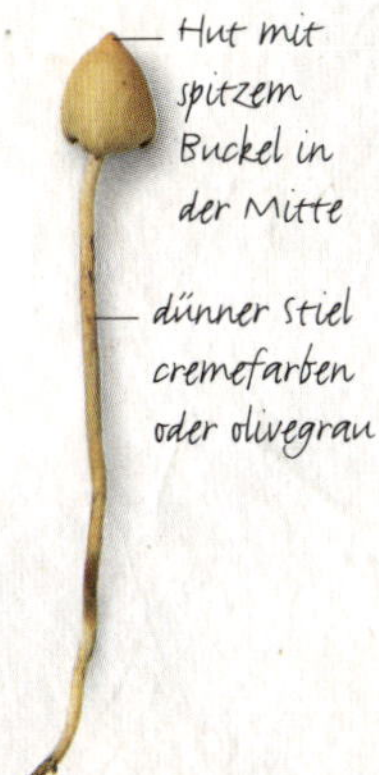

Spitzkegeliger Kahlkopf
Psilocybe semilanceata
Giftig. Der bekannteste stark halluzinogene Pilz.

Speisemorchel *Morchella esculenta*

Der markante Pilz hat einen hellbraunen bis hellgrauen, wabenartigen Hut und einen blassgelben Stiel. Größe und Form sind variabel. Die Morchel ist einer der begehrtesten Speisepilze und erzielt frisch wie getrocknet hohe Preise. Verwechseln Sie sie keinesfalls mit der giftigen Frühjahrslorchel *(siehe S. 39)*, die hirnartig gewundene Hutfalten hat.

Natur

- **Wann** Frühjahr
- **Wo** Zwischen Kräutern und Gras in Laub- und Nadelwäldern, gerne nach Bränden oder auf Rindenspänen oder -mulch in Gebüschen und Gärten
- **Vorkommen** Einzeln oder gesellig
- **Farbe** Hut hellgraubraun, Stiel blassgelb
- **Größe** Hut 5–20 cm hoch, Stiel 5–12 cm lang und 2–10 cm dick
- **Sporenfarbe** Cremefarben bis hellbraun
- **Verbreitungsgebiet** Fast weltweit, aber in nördlichen Gegenden seltener

Küche

- **Geschmack** Vorzüglich, kräftig, mit leichter Specknote
- **Zubereitung** Niemals roh verzehren.
- **Rezepte** Morchelpastete *(S. 116–117)*, Morcheln mit gelben Paprika *(S. 152–153)*

Wächst oft gesellig zwischen Kräutern.

VON DER SEITE

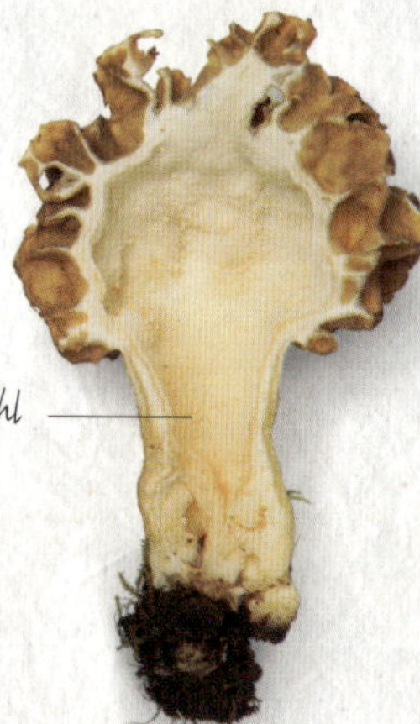

LÄNGSSCHNITT

Halbfreie Morchel *Mitrophora semilibera*

Diese Art ist kleiner als die Speisemorchel *(gegenüber)* und hat einen weniger stark gekräuselten, dunkleren Hut mit freiem Rand und einen längeren, helleren Stiel. Die Halbfreie Morchel schmeckt fast genauso gut wie die Speisemorchel, ist aber nicht so teuer, da ihr dünnes Fleisch weniger ergiebig ist. Ihre Saison dauert meist länger als die der Speisemorchel.

Natur

- **Wann** Frühes Frühjahr
- **Wo** In dichtem Gras, in Wäldern und an Wegen in feuchtem Terrain
- **Vorkommen** Oft gesellig
- **Farbe** Hut dunkelgraubraun, Stiel blassgelb
- **Größe** Hut 1–4 cm hoch, Stiel 3–10 cm lang und 1–2 cm dick
- **Sporenfarbe** Cremefarben
- **Verbreitungsgebiet** Weit verbreitet, häufiger in den warmen Regionen Europas

Küche

- **Geschmack** Delikat
- **Zubereitung** Der gekammerte Hut muss gut geputzt werden. Nie roh verzehren.
- **Rezepte** Morchelpastete *(S. 116–117)*, Morcheln mit gelben Paprika *(S. 152–153)*

Wächst oft gesellig in dichtem Gras.

Mairitterling *Calocybe gambosa*

Dieser bekannte Pilz reift in Deutschland bereits Ende April oder im Mai heran. Er ist sehr fleischig und verstömt einen starken Mehlgeruch. Verwechseln Sie ihn nicht mit den ebenfalls früh reifenden Arten der Gattung *Entoloma*, die überwiegend giftig sind. Man erkennt sie an ihren rosa Sporen und den rosa Lamellen reifer Exemplare.

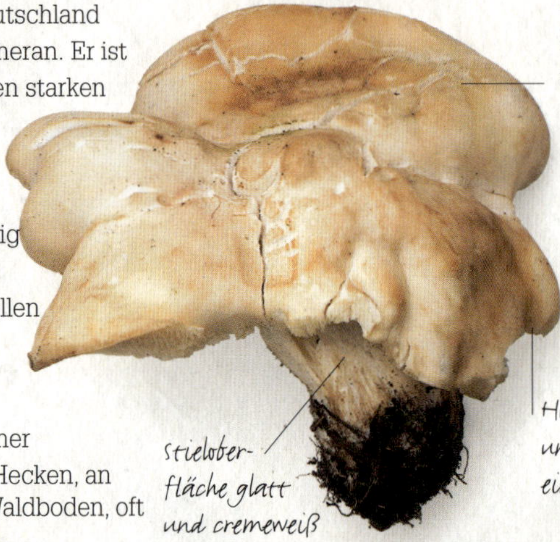

VON DER SEITE

Natur

- **Wann** Frühjahr bis Frühsommer
- **Wo** Auf fetten Wiesen, unter Hecken, an Wegrändern, auf kalkreichem Waldboden, oft auch in Gärten und Parks
- **Vorkommen** In Gruppen oder Hexenringen
- **Farbe** Cremeweiß bis braun
- **Größe** Hut 3–12 cm breit, Stiel 2–7 cm lang und 1–2,5 cm dick
- **Sporenfarbe** Cremeweiß
- **Verbreitungsgebiet** Gemäßigte Regionen in ganz Europa, Nordafrika und den angrenzenden Gebieten Asiens; weltweite Verbreitung ungewiss

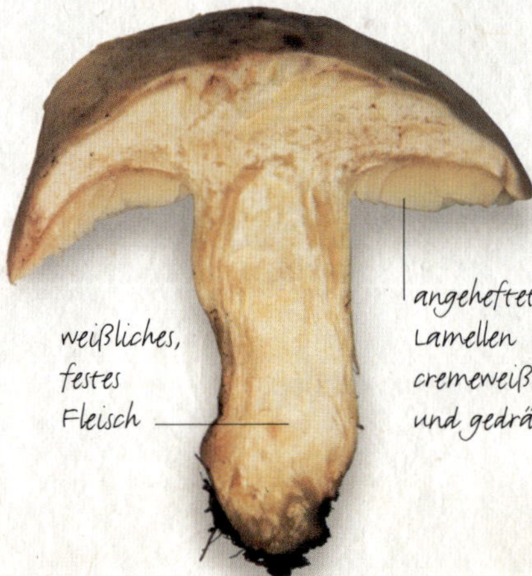

LÄNGSSCHNITT

Küche

- **Geschmack** Hervorragend, mehlig
- **Rezepte** Alle Rezepte für gemischte Pilze *(S. 162–185)*

Wächst oft gesellig im Gras.

Sommertrüffel *Tuber aestivum*

Die Sommertrüffel, unter den Trüffeln noch die erschwinglichste, ist auf die Wurzeln von Laubbäumen angewiesen. Sie sieht der Perigordtrüffel *(siehe S. 90)* ähnlich, ist aber mit eher pyramidenförmigen als vieleckigen schwarzen Warzen bedeckt. Sie hat ein typisches, aber zartes Aroma. Versierte Sammler achten auf Fliegen, die von der Sommertrüffel und anderen *Tuber*-Arten angezogen werden.

Natur

- **Wann** Sommer bis Herbst
- **Wo** Unterirdisch zwischen Buchen- und Birkenwurzeln
- **Vorkommen** Einzeln
- **Farbe** Schwarz
- **Größe** Fruchtkörper 2–5 cm breit
- **Sporenfarbe** Gelb bis braun
- **Verbreitungsgebiet** Gemäßigte Regionen in ganz Europa, einschließlich Norditalien, Mitteleuropa und Türkei. Auch in Nordafrika. In Großbritannien selten. Weltweite Verbreitung ungewiss

Küche

- **Geschmack** Mild
- **Rezepte** Spiegeleier mit Sommertrüffel *(S. 128)*, Steinbutt mit Trüffelsauce *(S. 142–143)*

VON AUSSEN

pyramidenförmige, schwarze Warzen

AUFGESCHNITTEN

festes, braunes Fleisch mit weißen Adern

Unterirdisch zwischen Baumwurzeln

Schwefelporling *Laetiporus sulphureus*

Dieser prächtige, leicht zu identifizierende Pilz scheint fast zu leuchten. Er besiedelt lebende Bäume und bildet rasch große, gelbe, fächerförmige Fruchtkörper aus. Nur jung ist er essbar; später wird er erst krümelig, dann ledrig und holzig. Obwohl er jung als essbar eingestuft wird, gilt Vorsicht: Er löst bei einigen Menschen starke Allergien aus.

Natur

- **Wann** Frühjahr bis Frühherbst
- **Wo** Weit oben in lebenden Laubbäumen, v. a. Eichen
- **Vorkommen** Meist mehrschichtig
- **Farbe** Gelb oder orangegelb
- **Größe** Fruchtkörper 10–50 cm breit, 10–30 cm tief und 1–5 cm dick
- **Sporenfarbe** Weiß
- **Verbreitungsgebiet** In ganz Europa und Nordamerika weit verbreitet; auch in Asien

Küche

- **Geschmack** Zumeist mild, kann aber bitter werden.
- **Zubereitung** Nur junge, zarte Exemplare verwenden; in dünne Scheibchen oder feine Streifen schneiden.
- **Rezepte** Jedes Rezept für gemischte Pilze *(S. 162–185)*

VON DER SEITE

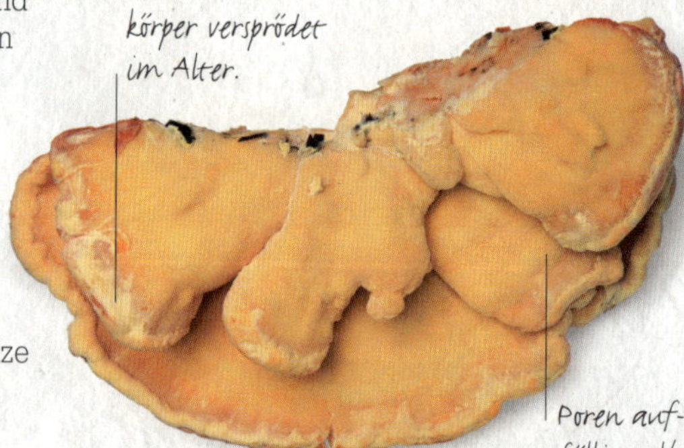

UNTERSEITE

Wächst oft hoch in lebenden Bäumen.

Pfifferling *Cantharellus cibarius*

Diese Art ist farblich variabel, aber zumeist gelb mit einem rötlichen Schimmer. Der Geschmack erinnert an getrocknete Aprikosen. Sie ist meist im Sommer zu finden, allerdings nicht bei Trockenheit, da sie viel Regen braucht. Verwechseln Sie sie nicht mit dem giftigen Leuchtenden Baumtrichterling, der am Stammgrund sterbender Bäume wächst.

Natur

- **Wann** Frühsommer bis Spätherbst
- **Wo** Auf durchlässigem Boden bei Fichten und Kiefern, aber auch Laubbäumen wie Eichen
- **Vorkommen** Gesellig
- **Farbe** Gelb mit Rotschimmer
- **Größe** Hut 2–12 cm breit, Stiel 2–10 cm lang und 0,4–1,5 cm dick
- **Sporenfarbe** Hell cremefarben
- **Verbreitungsgebiet** In Europa und Nordamerika weit verbreitet, auch in anderen kühl- bis warmgemäßigten Regionen

Küche

- **Geschmack** Hervorragend, roh pfeffrig
- **Rezepte** Pfifferling-Jakobsmuschel-Salat *(S. 114)*, Pfifferling-Spinat-Pastete *(S. 132)*, Wildente mit Pfifferlingen *(S. 150–151)*, Pfifferling-Mascarpone-Sauce *(S. 155)*

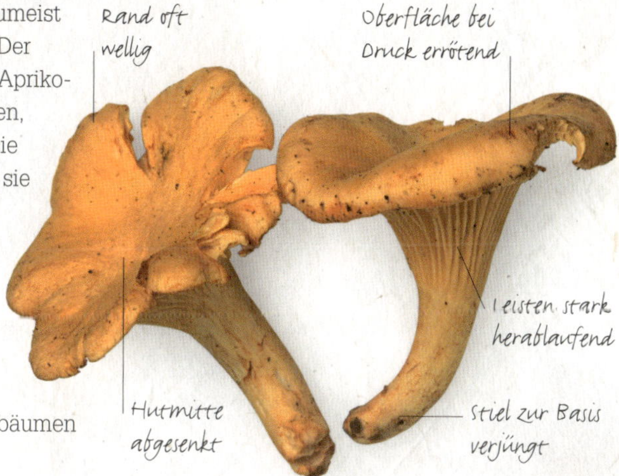

VON DER SEITE

VON DER SEITE

VON UNTEN

Wächst gesellig auf durchlässigem Boden.

Totentrompete *Craterellus cornucopioides*

Dem deutschen Namen zum Trotz handelt es sich bei dieser Art um einen schmackhaften Speisepilz, der vor allem zu Meeresfrüchten passt. Wegen seiner dunklen Färbung ist er in der Waldstreu schwer zu entdecken, aber da er in Scharen auftritt, ist die Ausbeute im Glücksfall umso größer.

Natur

- **Wann** Spätsommer bis Spätherbst
- **Wo** In der Streu oder im Moos auf relativ guten Böden im Laubwald, gerne unter Stechpalmen; auch bei Nadelbäumen
- **Vorkommen** Große und kleinere Gruppen
- **Farbe** Dunkelgraubraun bis schwarz
- **Größe** Hut 3–10 cm breit, Stiel 5–12 cm lang und 0,5–2 cm dick
- **Sporenfarbe** Weiß
- **Verbreitungsgebiet** Gemäßigte Regionen; in Europa weit verbreitet, auch in den USA und Kanada

Küche

- **Geschmack** Recht stark
- **Zubereitung** Oft zäh, daher fein schneiden. Getrocknet noch aromatischer *(siehe S. 108)*.
- **Rezepte** Totentrompeten mit Tintenfisch, Muscheln und Eiernudeln *(S. 124)*, Pasta mit Garnelen, Kammmuscheln und Totentrompeten *(S. 149)*

Wächst oft in Scharen in der Waldstreu.

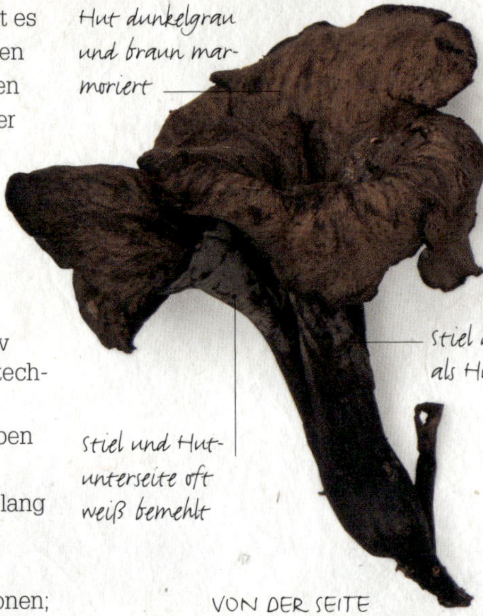

VON DER SEITE

LÄNGSSCHNITT

Krause Glucke *Sparassis crispa*

Ihr angenehmer Geschmack und ihre beeindruckende Größe machen die blumenkohlförmige Krause Glucke zu einem beliebten Speisepilz. Sie ist jedoch nur relativ jung essbar; alte Exemplare schmecken unangenehm. Der cremeweiße Fruchtkörper ruht auf einem kurzen, dicken Stiel. Er kann im Extremfall bis zu 14 kg wiegen, aber die meisten Exemplare werden nur 1–9 kg schwer.

Natur

- **Wann** Sommer bis Herbst
- **Wo** Am Fuß oder Stumpf von Nadelbäumen, meist Kiefern, sowohl in Forsten als auch in unbewirtschafteten Wäldern
- **Vorkommen** Meist einzeln
- **Farbe** Cremeweiß
- **Größe** Fruchtkörper 10–40 cm breit
- **Sporenfarbe** Weiß
- **Verbreitungsgebiet** Gemäßigte Regionen; auf den Britischen Inseln, dem europäischen Festland und in Nordamerika weit verbreitet

Küche

- **Geschmack** Mild
- **Zubereitung** Vor der Zubereitung möglichst gründlich waschen und abtrocknen.
- **Rezepte** Jedes Rezept für gemischte Pilze *(S. 162–185)*

VON DER SEITE

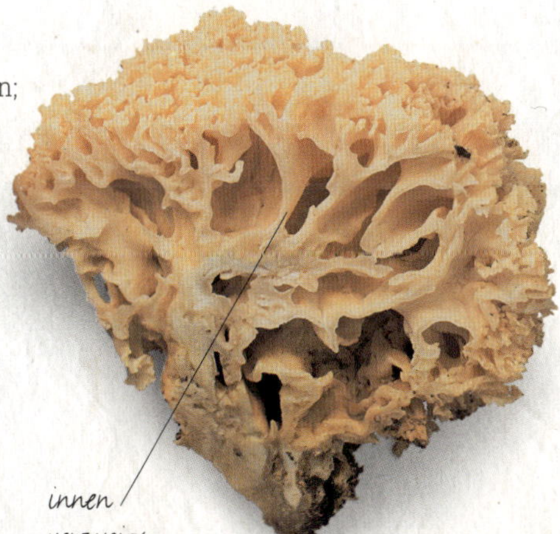

LÄNGSSCHNITT

Wächst unten an Nadelbaumstämmen.

Leberreischling *Fistulina hepatica*

Dieser Pilz hat blutrote, zungenförmige Fruchtkörper, manchmal mit kurzem Stiel. Die obere Seite ist feucht oder klebrig, die sporenhaltige Unterseite besteht aus nicht verwachsenen, kurzen Röhren. Aufgeschnitten hat das Fleisch die Textur von Steak oder Leber; es sondert sogar einen blutähnlichen Saft ab.

Natur

- **Wann** Sommer bis Herbst
- **Wo** Auf Eichen- und Edelkastanienstämmen und -stümpfen in Wäldern und Parks
- **Vorkommen** Einzeln, seltener mit zwei oder mehr Fruchtkörpern übereinander
- **Farbe** Blutrot
- **Größe** Fruchtkörper 10–25 cm breit, bis zu 20 cm tief und bis zu 6 cm dick; Röhren 1–1,5 cm lang
- **Sporenfarbe** Weiß
- **Verbreitungsgebiet** In Europa weit verbreitet, in Nordamerika und Australien seltener

Küche

- **Geschmack** Intensiv, leicht bitter
- **Zubereitung** In Scheiben schneiden und wie ein Kotelett verarbeiten.
- **Rezepte** Jedes Rezept für gemischte Pilze *(S. 162–185)*

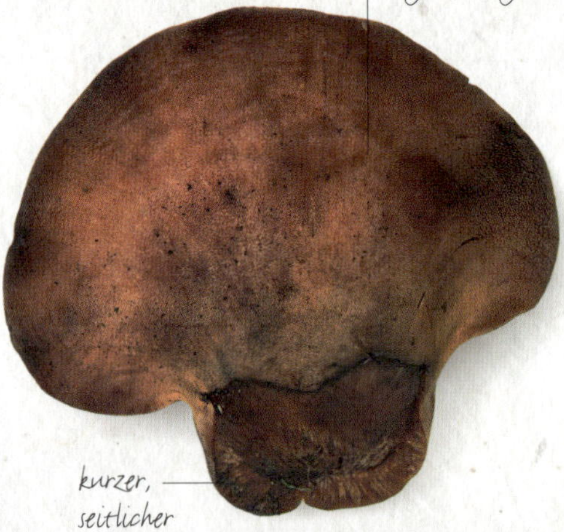

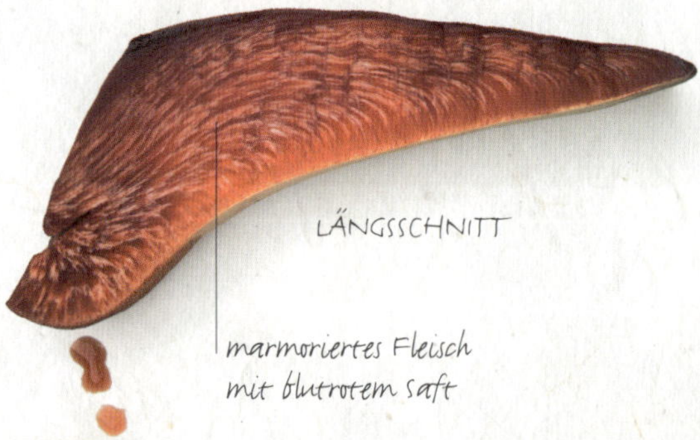

Wächst oft auf Eichenstämmen.

Nelkenschwindling *Marasmius oreades*

Der Nelkenschwindling wird oft auf Rasenflächen gefunden, wo er charakteristische Hexenringe bildet. Er ist hygrophan, ändert also durch Feuchtigkeitsverlust seine Farbe. Da sie im selben Lebensraum vorkommen, muss man sich die Unterschiede zum tödlich giftigen Weißen Gifttrichterling *(siehe S. 39)* einprägen, der an seinen herablaufenden Lamellen zu erkennen ist.

Natur

- **Wann** Frühjahr bis Spätherbst
- **Wo** Grasflächen, auch Rasen
- **Vorkommen** In Hexenringen
- **Farbe** Hut blass lederbraun, Stiel cremeweiß bis braun
- **Größe** Hut 1–5 cm breit, Stiel 3–6 cm oder bis zu 10 cm lang und 0,3–0,8 cm dick
- **Sporenfarbe** Weißlich
- **Verbreitungsgebiet** In ganz Europa und Nordamerika weit verbreitet

Küche

- **Geschmack** Mild
- **Zubereitung** Getrocknet sehr gut zur Aromatisierung von Suppen und Eintöpfen
- **Rezepte** Nelkenschwindlinge und pochierte Eier auf Toast *(S. 136–137)*

Wächst im Gras in Hexenringen.

Rotbrauner Streifling *Amanita fulva*

Dieser Speisepilz zählt zur Familie der Knollenblätterpilze (Amanitaceae), der auch einige der giftigsten Blätterpilze angehören, darunter der Grüne Knollenblätterpilz *(siehe S. 38)*. Diese Art hat einen rotbraunen bis dunkelgelbbraunen Hut und einen fast glatten, etwas helleren Stiel. Die weißliche Färbung der Scheide ist ein wichtiges Bestimmungsmerkmal.

Natur

- **Wann** Sommer bis Herbst
- **Wo** Im Wald, v. a. in Lebensgemeinschaft mit Birkenwurzeln
- **Vorkommen** Einzeln oder in Grüppchen
- **Farbe** Hut rotbraun bis dunkelgelbbraun, Stiel weiß bis hellorange
- **Größe** Hut 3–8 cm breit, Stiel 7–15 cm lang und 0,7–1,2 cm dick
- **Sporenfarbe** Weißlich
- **Verbreitungsgebiet** In den nördlichen gemäßigten Zonen weit verbreitet

Küche

- **Geschmack** Mild
- **Zubereitung** Roh giftig, deshalb vor dem Verzehr unbedingt gründlich garen.
- **Rezepte** Jedes Rezept für gemischte Pilze *(S. 162–185)*

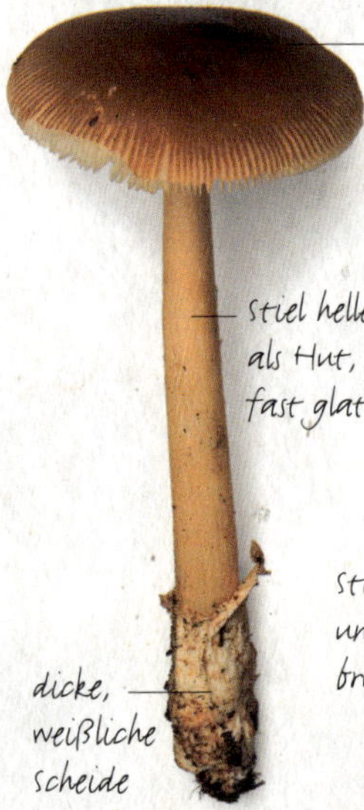

VON DER SEITE

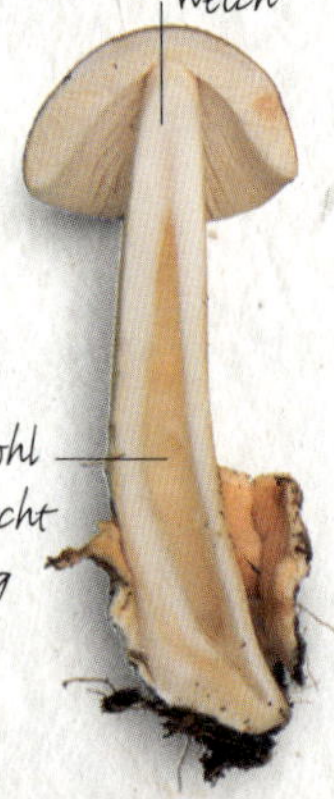

LÄNGSSCHNITT

VON OBEN

VON UNTEN

Wächst oft in Scharen unter Birken.

Orangegelber Streifling *Amanita crocea*

Dieser hübsche Pilz unterscheidet sich vom Rotbraunen Streifling *(gegenüber)* durch seinen glänzenden, orangebraunen Hut und vor allem durch die dünne orange Bänderung am Stiel. Die weiße Scheide ist dick und auffällig. Zwar wachsen sowohl der Rotbraune Streifling als auch diese Art gerne in der Nähe von Birken, aber der Orangegelbe Streifling bevorzugt viel fettere Böden.

Natur

- **Wann** Frühsommer bis Herbst
- **Wo** Unter Birken und evtl. Fichten, auf recht fetten Böden, vom Flachland bis hinauf zur Baumgrenze
- **Vorkommen** Einzeln oder in Grüppchen
- **Farbe** Hut satt orangebraun, Stiel orange geschuppt/gebändert
- **Größe** Hut 6–12 cm breit, Stiel 10–20 cm lang und 1–2 cm dick
- **Sporenfarbe** Weißlich
- **Verbreitungsgebiet** In den nördlichen gemäßigten Zonen weit verbreitet

Küche

- **Geschmack** Mild, süß und nussig
- **Zubereitung** Niemals roh verzehren.
- **Rezepte** Jedes Rezept für gemischte Pilze *(S. 162–185)*

VON DER SEITE

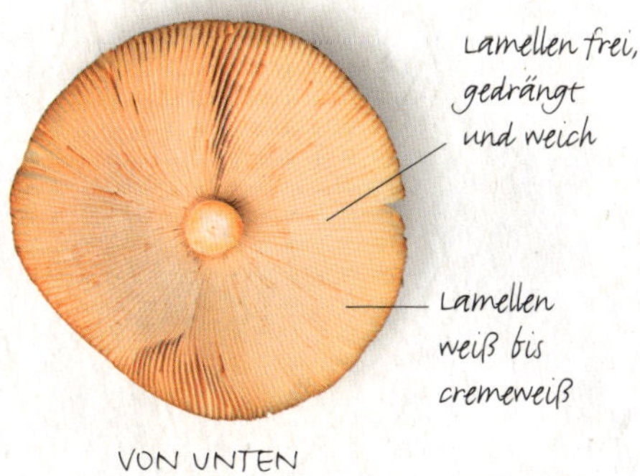

VON UNTEN

Wächst oft in Gruppen unter Birken.

Kaiserling *Amanita caesarea*

Dieser bekannte, schmackhafte Pilz wächst in warmen Gegenden. Der orangegoldene Hut und die große, lockere Scheide fallen ins Auge. Die alten Griechen nannten ihn »Boletus«, in Italien heißt er »Ovolo« und in Frankreich »Oronge«. Verwechseln Sie den Kaiserling auf keinen Fall mit dem giftigen Fliegenpilz, der meist rot ist und weiße Punkte hat, aber manchmal orange ausfällt! Fliegenpilze sind an ihren weißen Lamellen zu erkennen.

Natur

- **Wann** Sommer bis Herbst
- **Wo** Auf sandigen Böden unter Laubbäumen, vor allem Eichen
- **Vorkommen** Einzeln oder in Scharen
- **Farbe** Hut orangegolden, Stiel gelborange
- **Größe** Hut 8–20 cm breit, Stiel 8–16 cm lang, 2–3 cm dick, Scheide bis zu 5 cm breit
- **Sporenfarbe** Weißlich
- **Verbreitungsgebiet** Vor allem rings ums Mittelmeer zu Hause, fehlt auf den Britischen Inseln.

Küche

- **Geschmack** Hervorragend
- **Rezepte** Jedes Rezept für gemischte Pilze *(S. 162–185)*

VON DER SEITE

VON UNTEN

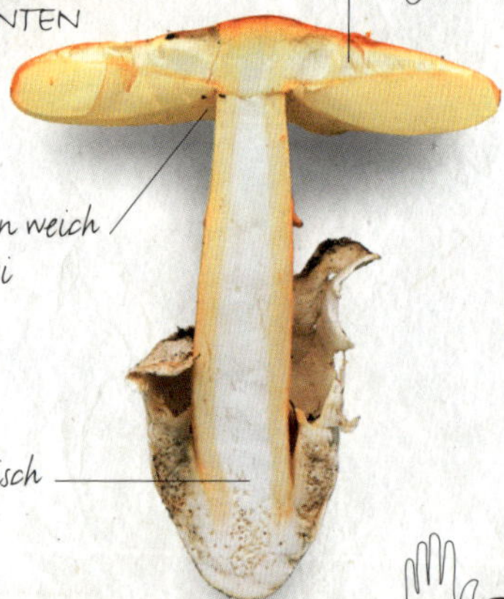

LÄNGSSCHNITT

Wächst oft in Scharen auf sandigen Böden.

Parasol (Riesenschirmpilz) *Macrolepiota procera*

Dieser sehr große Pilz hat einen schön genatterten Stiel, dessen großer Ring beweglich ist. Anders als beim Safranschirmling *(siehe S. 54)* verfärbt sich das Fleisch an Druckstellen nicht. Viele halten ihn für einen der besten Speisepilze überhaupt. Verwechseln Sie ihn keinesfalls mit dem ähnlichen, giftigen Grünsporschirmling, den man an den grünen Sporen erkennt.

Natur

- **Wann** Sommer bis Spätherbst
- **Wo** Auf sandigen Wiesen oder Dünen und trockenem Grasland, auch auf kleinen Grasflächen in Wäldern und Parks
- **Vorkommen** In verstreuten Gruppen
- **Farbe** Hut graubraun, Stiel mit brauner Natterung
- **Größe** Hut 10–40 cm breit, Stiel 15–40 cm lang und 0,8–2 cm dick, knollige Stielbasis bis zu 4 cm breit
- **Sporenfarbe** Weiß oder rosa
- **Verbreitungsgebiet** In Europa und Nordamerika weit verbreitet und relativ häufig

Küche

- **Geschmack** Hervorragend
- **Rezepte** Gefüllte Parasolhüte *(S. 125)*, Panierte Pilzhüte *(S. 145)*

VON DER SEITE

VON DER SEITE

VON UNTEN

Wächst oft in Scharen im Gras auf Sand.

Safranschirmling *Chlorophyllum rhacodes*

Diese Art mit dem früheren Namen *Macrolepiota rhacodes* ähnelt dem Parasol *(siehe S. 53)*, ist aber kleiner und hat keine Natterung am Stiel. Ihr Fleisch verfärbt sich auf Druck karottenrot. Sehr junge Exemplare erinnern an Blumenzwiebeln. Einige Varietäten können Magenverstimmungen auslösen, daher sollte der Pilz zumindest anfangs nur in kleinen Mengen genossen werden. Verwechseln Sie ihn nicht mit dem giftigen Grünsporschirmling, der an seinen grünen Sporen zu erkennen ist.

Natur

- **Wann** Sommer bis Spätherbst
- **Wo** In Hecken, Parks, Wäldern und Gärten, auch auf Komposthaufen
- **Vorkommen** In Scharen
- **Farbe** Hut blassbraun, Stiel streifig braun
- **Größe** Hut 5–20 cm breit, Stiel 10–20 cm lang und 1–2 cm dick
- **Sporenfarbe** Weiß
- **Verbreitungsgebiet** In ganz Europa und Nordamerika weit verbreitet

Küche

- **Geschmack** Mild
- **Rezepte** Jedes Rezept für gemischte Pilze *(S. 162–185)*

Wächst in Scharen, meist auf guten Böden.

VON DER SEITE

VON OBEN

VON UNTEN

Wiesenchampignon *Agaricus campestris*

Das Fleisch dieses vertrauten Speisepilzes rötet sich an Druckstellen ein wenig. Im Alter wird der weiße, leicht schuppige Hut rosagrau, und die rosa Lamellen färben sich dunkelbraun. Im Unterschied zu einigen ihrer Verwandten *(siehe S. 56–57)* riecht diese Art nicht nach Mandeln. Der Ring ist klein und einfach und hat keine Schuppen an der Unterseite.

VON DER SEITE

Natur

- **Wann** Sommer bis Spätherbst
- **Wo** Im offenen Gelände, oft auf nährstoffreichen Pferde- oder Kuhweiden
- **Vorkommen** In großen Scharen oder Ringen
- **Farbe** Hut weiß bis rosagrau, Stiel weiß
- **Größe** Hut 4–10 cm breit, bei manchen Exemplaren sogar bis zu 12 cm; Stiel 3–7 cm lang und 0,8–1,5 cm dick
- **Sporenfarbe** Schokoladenbraun
- **Verbreitungsgebiet** In ganz Europa und Nordamerika weit verbreitet. Auch von Hawaii und Australien gibt es Fundberichte.

Küche

- **Geschmack** Hervorragend
- **Rezepte** Radicchioblätter mit Wiesenchampignonfüllung *(S. 122–123)*

VON UNTEN

LÄNGSSCHNITT

Wächst oft in Scharen im Gras.

Schafchampignon *Agaricus arvensis*

Diesem Verwandten des Riesenchampignons *(siehe S. 81)* fehlen dessen ausgeprägte Hutschuppen. Der Stiel hat einen schlaff herabhängenden, zahnradartigen Ring. Das Fleisch verfärbt sich langsam ockergelb und riecht nach Anis. Der Schafchampignon ist essbar, sollte aber nur in kleinen Mengen verzehrt werden, da er das giftige Element Cadmium enthält. Verwechseln Sie ihn nicht mit dem Karbolchampignon *(siehe S. 39)*, der nach Tinte riecht.

Natur

- **Wann** Sommer bis Spätherbst
- **Wo** Auf Pferdeweiden, Rasen und Parkland
- **Vorkommen** Meist in Hexenringen
- **Farbe** Weißlich bis ockergelb
- **Größe** Hut 7–15 cm breit, manchmal gar bis 20 cm; Stiel 7–15 cm lang und 1–3 cm dick
- **Sporenfarbe** Schokoladenbraun
- **Verbreitungsgebiet** In ganz Europa und Nordamerika sowie anderen gemäßigten Weltgegenden weit verbreitet

Küche

- **Geschmack** Intensiv
- **Rezepte** Jedes Rezept für gemischte Pilze *(S. 162–185)*

VON DER SEITE

LÄNGSSCHNITT

VON UNTEN

Wächst meist in Ringen im Gras.

Dünnfleischiger Anischampignon

Agaricus silvicola

Dieser nahe Verwandte des Schafchampignons *(gegenüber)* duftet ebenfalls nach Anis, fällt aber meist etwas schlanker aus und wächst in Wäldern. Der gelbweiße Hut hat in der Mitte winzige graue Schuppen, die Stielbasis ist weniger knollig. Essen Sie nur kleine Mengen, da das Fleisch das giftige Cadmium enthält, und verwechseln Sie ihn nicht mit dem giftigen Karbolchampignon *(siehe S. 39)*, der unangenehm nach Tinte riecht.

Natur

- **Wann** Sommer bis Spätherbst
- **Wo** Auf fetten, streureichen Waldböden, unter Nadel- und Laubbäumen
- **Vorkommen** In kleinen Grüppchen, seltener in Hexenringen
- **Farbe** Gelbweiß bis hellbraun
- **Größe** Hut 6–12 cm breit, Stiel 8–12 cm lang und 1–2 cm dick, Stielbasis bis zu 3 cm dick
- **Sporenfarbe** Schokoladenbraun
- **Verbreitungsgebiet** In ganz Europa, Nordamerika und anderen nördlichen gemäßigten Regionen weit verbreitet

Küche

- **Geschmack** Intensiv
- **Rezepte** Jedes Rezept für gemischte Pilze *(S. 162–185)*

Wächst oft auf fetten Waldböden.

Reifpilz *Cortinarius caperatus*

Der wissenschaftliche Artname spielt auf den runzligen Hut an; *caperatus* heißt »gefurcht«. Bei jungen Exemplaren wirkt der eiförmige Hut wie mit Reif oder Spinnweben überzogen. Der Stiel ist hellocker und hat einen schmalen weißen Ring. Die angehefteten oder schmal angewachsenen Lamellen haben gezähnelte Schneiden. Früher hieß die Art *Rozites caperatus*.

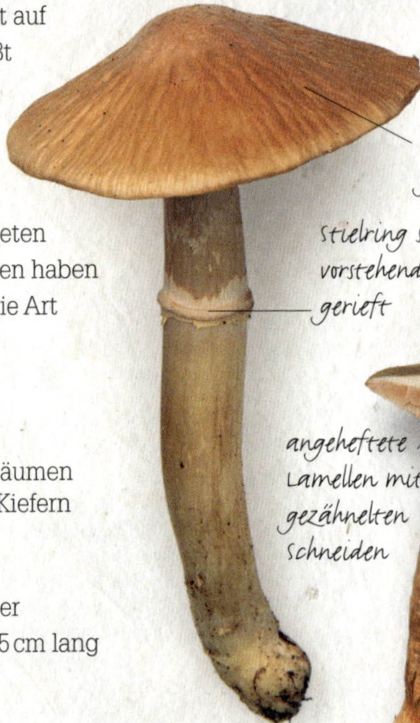

VON DER SEITE

LÄNGSSCHNITT

Natur

- **Wann** Sommer bis Herbst
- **Wo** Auf sauren Böden unter Laubbäumen (oft Buchen) und Nadelbäumen wie Kiefern und Fichten
- **Vorkommen** In Scharen
- **Farbe** Hut gelbbraun, Stiel hellocker
- **Größe** Hut 5–12 cm breit, Stiel 5–15 cm lang und 1–2 cm dick
- **Sporenfarbe** Hellbraun
- **Verbreitungsgebiet** In ganz Europa, dem Norden und Osten Nordamerikas und weiteren nördlichen gemäßigten Regionen weit verbreitet

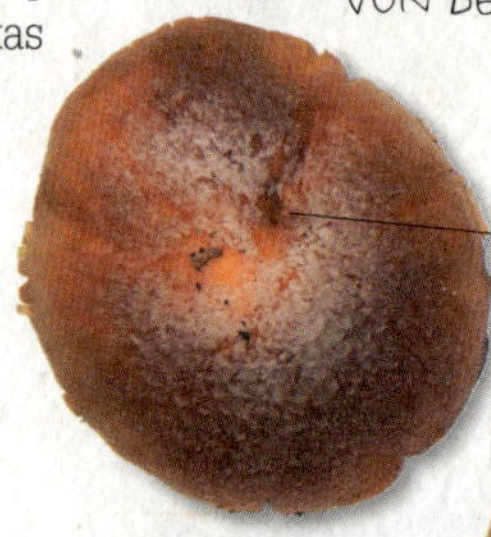

VON OBEN

Küche

- **Geschmack** Mild
- **Rezepte** Jedes Rezept für gemischte Pilze *(S. 162–185)*

Wächst oft in Scharen auf saurem Boden.

VON UNTEN

Frauentäubling *Russula cyanoxantha*

Der Hut, dessen Haut sich zum Teil abschälen kann, variiert farblich zwischen violettbraun und olivgrün, wodurch die Art schwer sicher zu identifizieren ist. Anders als bei den meisten anderen *Russula*-Arten sind die Lamellen biegsam statt spröde, und bei Berührung fühlen sie sich ölig an.

VON DER SEITE

LÄNGSSCHNITT

Natur

- **Wann** Sommer bis Herbst
- **Wo** Unter Laubbäumen, vor allem Buchen, aber auch unter Nadelbäumen. Der Frauentäubling bevorzugt saure Böden.
- **Vorkommen** Einzeln oder in Scharen
- **Farbe** Hut violettbraun bis olivgrün, Stiel weißlich
- **Größe** Hut 5–15 cm breit, Stiel 5–10 cm lang und 1–3 cm dick
- **Sporenfarbe** Weiß
- **Verbreitungsgebiet** In allen nördlichen gemäßigten Regionen; in ganz Europa weit verbreitet, in Nordamerika seltener

Küche

- **Geschmack** Mild
- **Rezepte** Jedes Rezept für gemischte Pilze *(S. 162–185)*

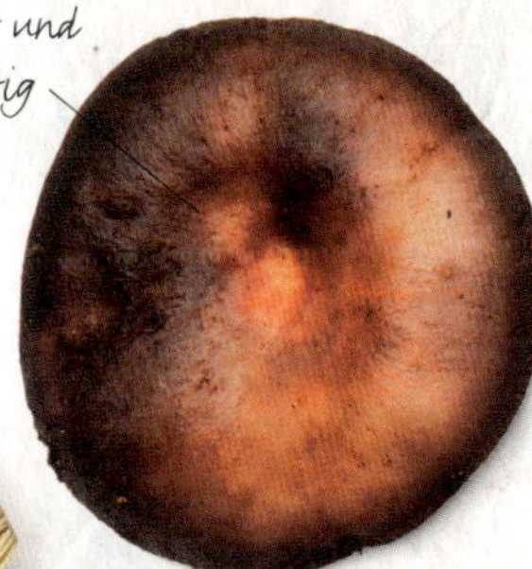

VON OBEN

VON UNTEN

Wächst oft in Scharen auf saurem Boden.

Steinpilz *Boletus edulis*

Der Steinpilz, einer der begehrtesten Speisepilze, ist eng mit mehreren anderen, ebenfalls essbaren Dickröhrlingen (Gattung *Boletus*) verwandt. Zu den besten Erkennungsmerkmalen zählen der polsterförmige Hut, der fass- oder keulenförmige Stiel mit dem zarten Netzmuster im oberen Teil und die schwammartigen Poren.

Natur

- **Wann** Frühsommer bis Spätherbst
- **Wo** In moosreichen Wäldern unter Laub- oder Nadelbäumen
- **Vorkommen** Einzeln oder in Scharen
- **Farbe** Hut hell- bis dunkelbraun, Stiel weißlich bis blassbraun
- **Größe** Hut 10–25 cm breit, manchmal nur 5 cm; Stiel 10–20 cm lang und 3–10 cm dick
- **Sporenfarbe** Olivbraun
- **Verbreitungsgebiet** In ganz Europa, Nordamerika und anderen nördlichen gemäßigten Regionen weit verbreitet. Auch in Teilen Neuseelands und Südafrikas zu finden.

Küche

- **Geschmack** Hervorragend
- **Rezepte** Eintopf mit Winterwurzelgemüse und Steinpilzen *(S. 118–119)*, Kartoffel-Sellerie-Steinpilz-Pastete *(S. 139)*, Pilz-Bruschetta *(S. 146–147)*

VON DER SEITE

LÄNGSSCHNITT

VON UNTEN

Wächst oft in Scharen im Wald.

Sommersteinpilz *Boletus reticulatus*

In Gestalt und Größe ähnelt die Art dem Steinpilz *(gegenüber)*, aber die orangebraune Huthaut ist blasser und trockener und reißt leicht auf, und das Netzmuster zieht sich weiter den Stiel hinunter. Der Sommersteinpilz erscheint einige Wochen vor der Haupterntezeit des Steinpilzes und bildet bis weit in den Herbst hinein Fruchtkörper.

VON DER SEITE

Natur

- **Wann** Sommer bis Herbst
- **Wo** In Laubwäldern, zum Beispiel unter Buchen und Eichen
- **Vorkommen** In Scharen oder Grüppchen
- **Farbe** Hut warm orangebraun, Stiel blassbraun
- **Größe** Hut 7–15 cm breit, manchmal bis zu 25 cm; Stiel 6–15 cm lang und 2–5 cm dick
- **Sporenfarbe** Olivbraun
- **Verbreitungsgebiet** In den nördlichen gemäßigten Zonen weit verbreitet

LÄNGSSCHNITT

Küche

- **Geschmack** Hervorragend
- **Zubereitung** Zum Einmachen und für Rohkostsalate eignen sich am besten junge Exemplare.
- **Rezepte** Pilz-Bruschetta *(S. 146–147)*, Röhrlinge mit Aceto balsamico *(S. 159)*

Wächst unter Laubbäumen.

Hasenröhrling *Gyroporus castaneus*

Der Hasenröhrling hat einen satt orangebraunen Hut und einen zerbrechlichen, gekammerten, hellorangebraunen Stiel. Sein Fleisch verfärbt sich beim Schneiden nicht und ist, anders als bei den meisten Röhrlingen, ziemlich spröde. Es schmeckt angenehm nussig.

Natur

- **Wann** Sommer bis Herbst
- **Wo** Unter Laubbäumen, vor allem Eichen, aber auch in der Nähe von Kiefern; oft auf sandigem Boden
- **Vorkommen** Einzeln oder in Kleingruppen
- **Farbe** Hut satt orangebraun, Stiel blass orangebraun
- **Größe** Hut 3–8 cm breit, manchmal bis 12 cm; Stiel 4–7 cm lang und 1–3 cm dick
- **Sporenfarbe** Gelblich weiß
- **Verbreitungsgebiet** In ganz Europa und Nordamerika weit verbreitet; auch in Neuseeland und Australien anzutreffen

Küche

- **Geschmack** Mild und nussig
- **Zubereitung** Wie bei allen Röhrlingen sollten nur feste Exemplare verwendet werden.
- **Rezepte** Pilz-Bruschetta *(S. 146–147)*, Röhrlinge mit Aceto balsamico *(S. 159)*

VON DER SEITE

LÄNGSSCHNITT

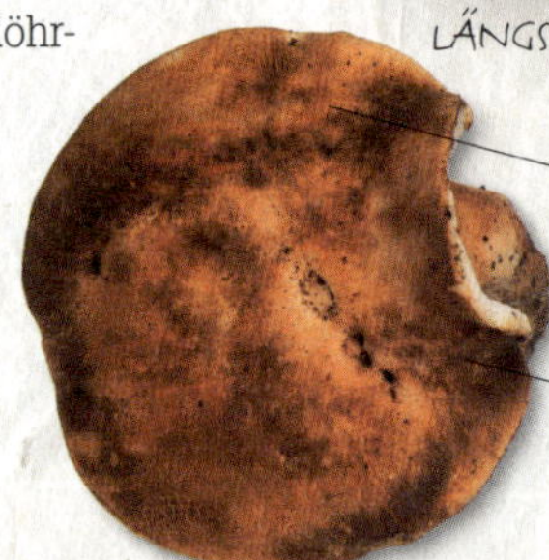

VON OBEN

Oft in Wäldern auf sandigem Boden

Espenrotkappe *Leccinum aurantiacum*

Die Espenrotkappe gehört zu einer größeren Gruppe rotkappiger *Leccinum*-Arten. Wie ihr Name sagt, bildet sie oft Lebensgemeinschaften mit Espen, aber sie gedeiht auch unter Pappeln, Birken oder Eichen. Man erkennt sie recht gut an ihren rotbraunen Stielschuppen. Das Fleisch verfärbt sich nach dem Schneiden allmählich grauschwarz.

Natur

- **Wann** Sommer bis Herbst
- **Wo** In Waldgebieten unter Espen. Halten Sie aber auch unter Pappeln, Birken und Eichen nach Espenrotkappen Ausschau.
- **Vorkommen** Meist kleine Grüppchen
- **Farbe** Hut orangebraun, Schuppen am Stiel rotbraun
- **Größe** Hut 8–15 cm breit, manchmal bis zu 20 cm; Stiel 10–15 cm lang und 1,5–3 cm dick
- **Sporenfarbe** Ockerbraun
- **Verbreitungsgebiet** In Europa weit verbreitet

Küche

- **Geschmack** Mild
- **Rezepte** Pilz-Bruschetta *(S. 146–147)*, Röhrlinge mit Aceto balsamico *(S. 159)*

VON DER SEITE

LÄNGSSCHNITT

VON UNTEN

Wächst oft im Wald unter Espen.

Heiderotkappe *Leccinum versipelle*

Der orange Hut dieser hübschen *Leccinum*-Art bildet einen deutlichen Kontrast zum langen, schwarz geschuppten Stiel. Das Fleisch verfärbt sich grauschwarz. Der Stiel ist ziemlich zäh; das Hutfleisch ist zarter. Leider schmeckt die Heiderotkappe nicht so exzellent wie einige andere Röhrlinge.

Natur

- **Wann** Sommer bis Herbst
- **Wo** In feuchten Wäldern, häufig unter Birken
- **Vorkommen** Einzeln oder in Grüppchen
- **Farbe** Hut leuchtend orange, Stiel schwarz geschuppt
- **Größe** Hut 8–15 cm breit, manchmal bis zu 20 cm; Stiel 10–18 cm lang und 1,5–4 cm, ausnahmsweise auch 5 cm dick
- **Sporenfarbe** Ockerbraun
- **Verbreitungsgebiet** In Europa überwiegend weit verbreitet, aber in den Niederlanden selten bis stark gefährdet

Küche

- **Geschmack** Mild
- **Zubereitung** Verfärbt sich beim Kochen schwarz. Wenn der Stiel zäh wirkt, verarbeiten Sie nur den Hut.
- **Rezepte** Pilz-Bruschetta *(S. 146–147)*, Röhrlinge mit Aceto balsamico *(S. 159)*

VON DER SEITE

LÄNGSSCHNITT

VON DER SEITE

VON UNTEN

Wächst in feuchten Wäldern unter Birken.

Birkenröhrling *Leccinum scabrum*

Grauweiße Poren, grauschwarze Schüppchen auf dem langen, weißlichen Stiel und ein brauner, gewölbter bis halbkugeliger Hut sind die Merkmale dieser Art, die unter Birken lebt. Das Fleisch des Hutes ist zart, das des Stiels faserig. Bei manchen Exemplaren verfärbt sich das Fleisch nach dem Aufschneiden rosa.

Natur

- **Wann** Frühsommer bis Herbst
- **Wo** Unter Birken, oft auf feuchtem Boden
- **Vorkommen** Einzeln, in Grüppchen oder Scharen
- **Farbe** Hut braun, Schüppchen am Stiel grauschwarz
- **Größe** Hut 6–15 cm oder ausnahmsweise bis zu 20 cm breit, Stiel 10–20 cm lang und 1–3 cm dick
- **Sporenfarbe** Ockerbraun
- **Verbreitungsgebiet** In ganz Europa, Nordamerika und anderen nördlichen gemäßigten Zonen weit verbreitet

Küche

- **Geschmack** Mild
- **Zubereitung** Verzehren Sie den Pilz möglichst bald nach dem Sammeln, da er sich nicht lange hält.
- **Rezepte** Pilz-Bruschetta *(S. 146–147)*, Röhrlinge mit Aceto balsamico *(S. 159)*

VON DER SEITE

LÄNGSSCHNITT

Wächst unter Birken.

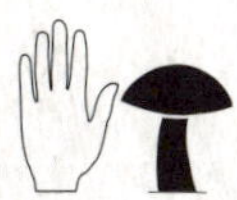

Butterpilz *Suillus luteus*

Die schleimige Huthaut dieses kurzstieligen Röhrlings lässt sich leicht abziehen. Auch an den zitronengelben Poren und dem unterseits dunklen Stielring ist die Art zu erkennen. Der Stiel wird im Alter violett. Ernten Sie Butterpilze wegen des Schleims nicht bei Nässe. Vorsicht, der Verzehr kann allergische Reaktionen auslösen!

Natur

- **Wann** Sommer bis Herbst
- **Wo** Unter Kiefern in Wäldern, Forsten und Gärten
- **Vorkommen** Zumeist in Scharen
- **Farbe** Hut violett- bis schokoladenbraun, Stiel weißlich bis leicht violett
- **Größe** Hut 5–10 cm, vereinzelt bis zu 15 cm breit; Stiel 5–10 cm lang und 1,5–3 cm dick, manchmal auch nur 1 cm
- **Sporenfarbe** Ockerbraun
- **Verbreitungsgebiet** In Europa, Nordamerika u.a. nördlichen gemäßigten Regionen weit verbreitet; auch in Australien und Neuseeland

Küche

- **Geschmack** Mild
- **Zubereitung** Schleimige Huthaut abziehen.
- **Rezepte** Pilz-Bruschetta *(S. 146–147)*, Röhrlinge mit Aceto balsamico *(S. 159)*

VON DER SEITE

LÄNGSSCHNITT

VON UNTEN

Oft in Scharen unter Kiefern anzutreffen

Kuhröhrling *Suillus bovinus*

Schon die alten Römer brachten diesen Pilz mit Kühen in Verbindung, was sich auch im Namen *Suillus bovinus* niederschlug. Die Fruchtkörper sind recht klein, ihre Poren sind unterteilt und leicht olivgrün. Der Hut ist orange- bis rostbraun. Der ringlose, helbraune Stiel ist sehr kurz und wird oft erst beim Ernten sichtbar.

Natur

- **Wann** Sommer bis Herbst
- **Wo** Im Moos oder in der Nadelstreu auf verschiedensten, oft sandigen Böden; meist unter Waldkiefern oder anderen Kiefern mit paarweise stehenden Nadeln
- **Vorkommen** In Scharen
- **Farbe** Hut orange- bis rostbraun, Stiel hellbraun
- **Größe** Hut 3–7 cm breit, manchmal bis zu 15 cm; Stiel 3–6 cm lang und 0,5–1 cm dick
- **Sporenfarbe** Olivbraun
- **Verbreitungsgebiet** In ganz Europa weit verbeitet, auch in Teilen Asiens einschließlich Japan. Fehlt in Nordamerika.

Küche

- **Geschmack** Mild
- **Rezepte** Pilz-Bruschetta *(S. 146–147)*, Röhrlinge mit Aceto balsamico *(S. 159)*

VON DER SEITE

VON UNTEN

Wächst oft in der Streu unter Kiefern.

Riesenbovist (Riesenstäubling) *Calvatia gigantea*

Dies ist einer der bekanntesten Speisepilze überhaupt; Rekordfunde finden sogar regelmäßig Erwähnung in der Tagespresse. Die fußballförmigen Fruchtkörper wiegen oftmals über 4 kg. Einzelne, besonders stattliche Exemplare bringen sogar über 20 kg auf die Waage. Nur die jungen, noch ganz festen Riesenboviste sind essbar.

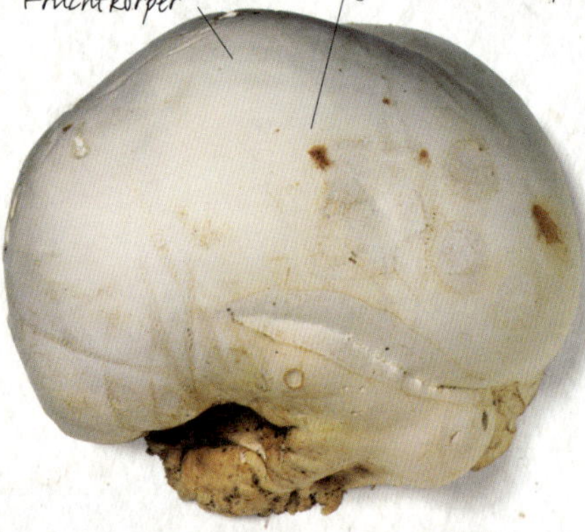

VON DER SEITE

AUFGESCHNITTEN

Natur

- **Wann** Sommer bis Herbst
- **Wo** Auf überdüngten Böden, auf Rasen und Wiesen, unter Hecken, am Waldrand und in Parks
- **Vorkommen** Meist in Hexenringen
- **Farbe** Weiß oder cremefarben
- **Größe** Fruchtkörperdurchmesser 20–50 cm, manchmal sogar 70 cm
- **Sporenfarbe** Olivbraun
- **Verbreitungsgebiet** Auf den Britischen Inseln und dem europäischen Festland sowie in anderen nördlichen gemäßigten Zonen weit verbreitet; fehlt in Südamerika und dem Westen Nordamerikas.

Küche

- **Geschmack** Recht kräftig
- **Rezepte** Riesenbovist-Cremesuppe *(S. 134–135)*, Frittierte Bovistscheiben *(S. 154)*

Bildet oft Hexenringe im Gras.

Wiesenstäubling *Vascellum pratense*

Anfänger tun sich mit der Bestimmung des Wiesenstäublings oft schwer. Sein Hauptmerkmal – eine Membran, die die fruchtbare, in etwa kugelförmige Sporenmasse vom sterilen, kurzen Stiel trennt – ist oft schwer zu erkennen. Der Fruchtkörper ist oben zumeist abgeflacht und bildet beim Reifen mittig eine große Öffnung aus, durch die die Sporen freigesetzt werden.

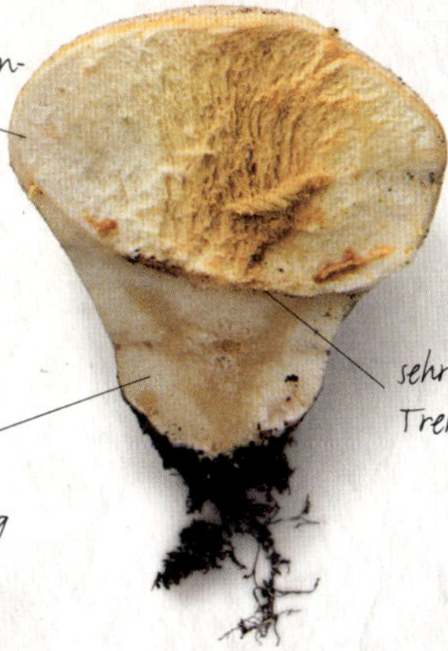

Natur

- **Wann** Frühsommer bis Herbst
- **Wo** Auf grasbewachsener Erde oder Humus, zum Beispiel auf Weiden und Rasen, in Parks und Heideland
- **Vorkommen** Meist in Gruppen
- **Farbe** Weiß, später gelblich bis hellbraun
- **Größe** Fruchtkörper 1,5–4 cm hoch und meist 2–4,5 cm, manchmal bis zu 6 cm breit
- **Sporenfarbe** Olivgrau bis olivbraun
- **Verbreitungsgebiet** Gemäßigte Regionen; auf den Britischen Inseln und dem europäischen Festland, in Nordamerika und Neuseeland weit verbreitet

Küche

- **Geschmack** Mild
- **Zubereitung** Nur feste, junge Exemplare sind genießbar.
- **Rezepte** Stäubling-Tempura *(S. 112–113)*

Wächst meist gruppenweise im Gras.

Rötlicher Lacktrichterling *Laccaria laccata*

Wie der Name schon sagt, ist dieser Pilz meist rötlich; allerdings variiert seine Farbe außerordentlich stark. Sowohl die Hüte als auch die Stiele können eine ganze Reihe von Rosa- und Brauntönen annehmen, die mit zunehmendem Alter verblassen. Die Art ist mit dem Violetten Lacktrichterling verwandt, dessen intensive Amethystfarbe mit der Zeit zu einem Blasslila ausbleicht.

Natur

- **Wann** Sommer bis Frühwinter
- **Wo** Auf feuchten Böden unter Bäumen in Wäldern und Parks, auch unter Weiden an feuchten Stellen
- **Vorkommen** In Scharen
- **Farbe** Rosa bis rotbraun, im Alter blasser
- **Größe** Hut 1–5 cm breit, Stiel 2–6 cm lang und 0,2–0,5 cm dick
- **Sporenfarbe** Weiß
- **Verbreitungsgebiet** In ganz Europa, Nordamerika und weiteren nördlichen gemäßigten Zonen weit verbreitet und häufig

Küche

- **Geschmack** Mild
- **Zubereitung** Entfernen Sie die Stiele, da sie zäh sein können.
- **Rezepte** Jedes Rezept für gemischte Pilze *(S. 162–185)*

Wächst oft in Scharen auf feuchtem Boden.

Semmelstoppelpilz *Hydnum repandum*

Die Stoppeln unter dem Hut dieses sehr fleischigen, aromatischen Pilzes brechen leicht ab, aber sein Fleisch ist fest. Die unregelmäßigen Fruchtkörper wachsen büschelig, sodass sie einander verformen. Ebenfalls essbar ist die Varietät *Hydnum repandum* var. *rufescens*, die kleinere, orange Fruchtkörper hat.

Natur

- **Wann** Sommer bis Herbst
- **Wo** Auf moosigem Boden in Wäldern, bei Laub- und Nadelbäumen
- **Vorkommen** Scharen, Ringe oder Büschel
- **Farbe** Blass cremefarben bis ocker
- **Größe** Hut 5–15 cm breit, Stiel 3–7 cm lang und 1–3 cm dick
- **Sporenfarbe** Weiß
- **Verbreitungsgebiet** In den nördlichen gemäßigten Zonen weit verbreitet

Küche

- **Geschmack** Intensiv, ältere Exemplare oft bitter und gerbsäurereich
- **Zubereitung** Streifen Sie vor dem Kochen die Stoppeln ab, vor allem bei älteren Exemplaren.
- **Rezepte** Semmelstoppelpilz-Sauerampfer-Omelett *(S. 129)*, Semmelstoppelpilze in Filoteig *(S. 144)*

VON DER SEITE

LÄNGSSCHNITT

VON OBEN

Wächst in großen Büscheln im Moos.

Mönchskopf *Clitocybe geotropa*

Im Unterschied zu den meisten anderen Trichterlingen (Gattung *Clitocybe*) ist dieser sehr hohe Speisepilz leicht zu identifizieren, da sein deutlich trichterförmiger Hut einen auffälligen Buckel in der Mitte hat und wie der Stiel blass leder- bis fleischfarben ist. Er wird auch Ledergelber Riesentrichterling genannt und wächst gerne in Hexenringen.

Natur

- **Wann** Herbst bis Spätherbst
- **Wo** Meist in Wäldern unter Laubbäumen, aber auch unter bestimmten Nadelbäumen
- **Vorkommen** In Hexenringen
- **Farbe** Blass fleischbraun
- **Größe** Hut 5–20 cm breit, Stiel 8–20 cm lang und 1–3 cm dick
- **Sporenfarbe** Weiß
- **Verbreitungsgebiet** In Europa, Nordamerika und weiteren nördlichen gemäßigten Zonen weit verbreitet

Küche

- **Geschmack** Mild
- **Zubereitung** Entfernen Sie die zähen Stiele älterer Exemplare.
- **Rezepte** Mönchskopfhüte mit Cannellini-Bohnen *(S. 138)*

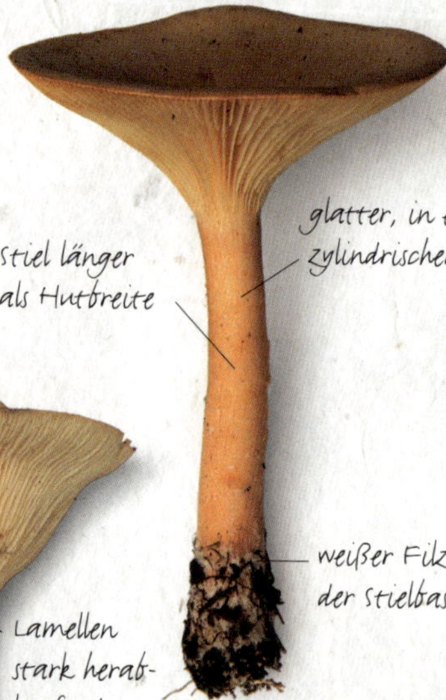

VON DER SEITE

VON DER SEITE

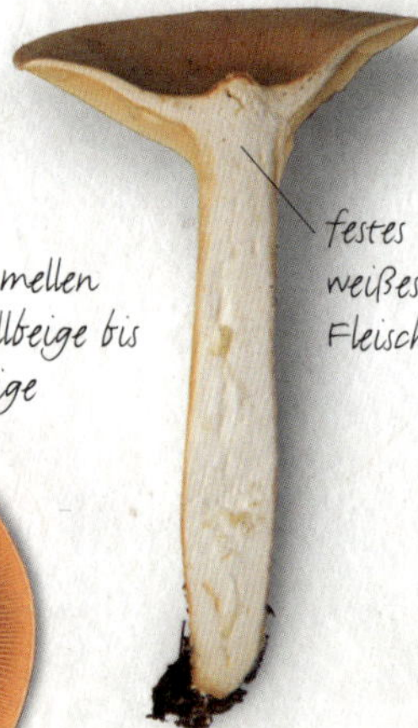

LÄNGSSCHNITT

VON UNTEN

Wächst im Wald in Hexenringen.

Hallimasch *Armillaria mellea* und *Armillaria gallica*

Heute gelten mehrere ähnliche Pilze, die einst unter dem Namen *Armillaria mellea* zusammengefasst wurden, als eigene Arten. Hier ist der Fleischfarbene Hallimasch *(Armillaria gallica)* zu sehen. Sein Hut ist mit dunklen Faserschüppchen bedeckt. *Armillaria mellea* hat nur wenige, helle Schuppen und einen spitz zulaufenden Stiel. Der Pilz ist roh giftig und nur gekocht essbar. Trotzdem löst er bei einigen Menschen Verdauungsbeschwerden aus; essen Sie anfangs nur kleine Mengen.

VON DER SEITE

Natur

- **Wann** Herbst
- **Wo** Meist an oder nahe totem oder krankem Laubholz, aber auch auf Nadelholz
- **Vorkommen** Büschelig oder verstreut
- **Farbe** Hut honiggelb bis braun, Stiel weiß bis gelb
- **Größe** Hut 3–12 cm breit, Stiel 4–12 cm lang und 1–3 cm dick
- **Sporenfarbe** Weiß
- **Verbreitungsgebiet** Nördliche gemäßigte Zonen; in Europa und dem östlichen Nordamerika weit verbreitet

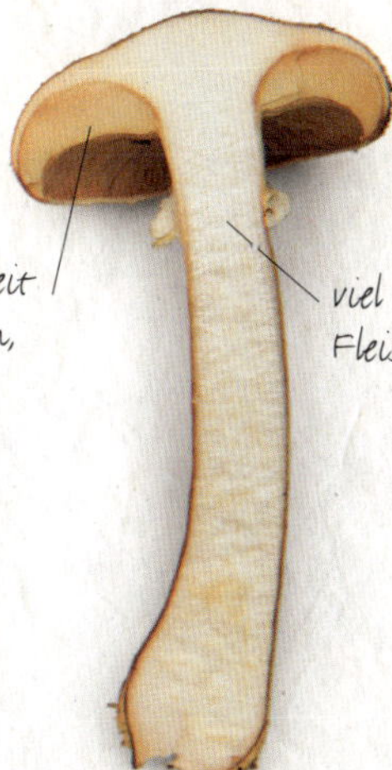

LÄNGSSCHNITT

Küche

- **Geschmack** Sehr intensiv
- **Zubereitung** Roh giftig, nur gekocht essbar
- **Rezepte** Hallimaschtarte *(S. 158)*

Wächst oft in Büscheln an Stümpfen.

Violetter Rötelritterling *Lepista nuda*

Dieser beliebte Speisepilz wird heute auch kultiviert. Manche Menschen vertragen ihn jedoch nicht. Hut und Stiel sind meist violettbraun, die Lamellen sind hellviolett. Der Fruchtkörper duftet sehr stark.

Natur

- **Wann** Spätherbst, milde Winter
- **Wo** Nährstoffreiche Substrate wie Kompost und dicke Waldstreu
- **Vorkommen** In kleinen Scharen und Ringen
- **Farbe** Violett bis violettbraun
- **Größe** Hut 5–20 cm breit, Stiel 4–10 cm lang und 1,5–3 cm dick
- **Sporenfarbe** Altrosa
- **Verbreitungsgebiet** In Europa und Nordamerika weit verbreitet, auch in den gemäßigten Regionen Australiens

Küche

- **Geschmack** Intensiv, fleischig und saftig
- **Zubereitung** Vor dem Verzehr unbedingt garen.
- **Rezepte** Wildkaninchen-Confit mit Ragout von Violetten Rötelritterlingen *(S. 121)*, Warmer Wintersalat von Violetten Rötelritterlingen *(S. 156–157)*

VON DER SEITE

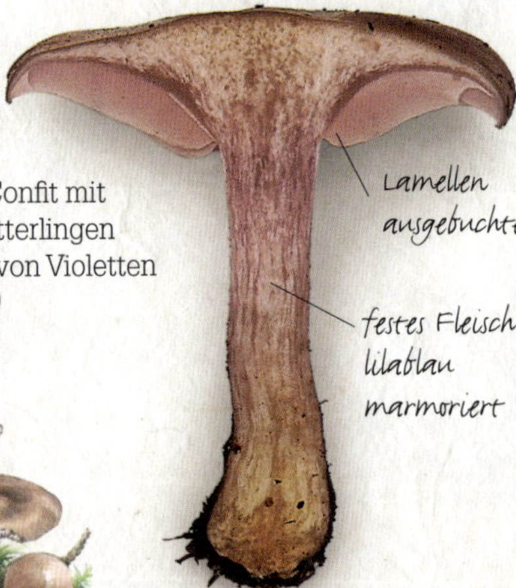

LÄNGSSCHNITT

VON UNTEN

Wächst in Gruppen auf nährstoffreichem Boden.

Lilastiel-Rötelritterling *Lepista saeva*

Der faserige Stiel dieses Pilzes ist leuchtend lila gefärbt. Der erst gewölbte, im Alter ausgebreitete Hut ist von einem hellen Lederbraun. Insgesamt ist die Gestalt meist kompakter als beim Violetten Rötelritterling *(gegenüber)*, und er bevorzugt offene Grasflächen.

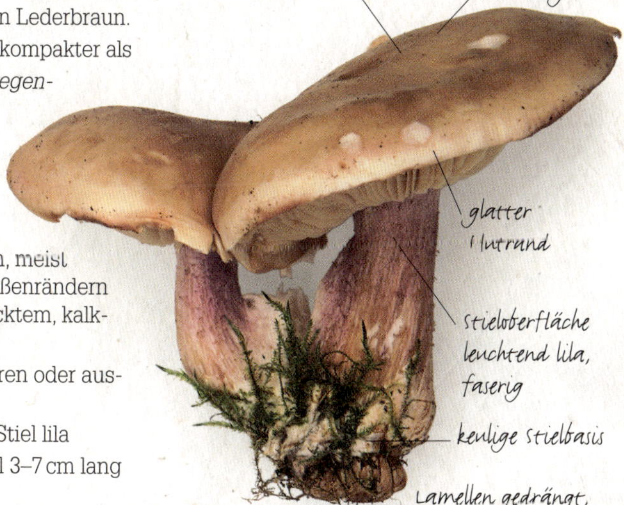

VON DER SEITE

Natur

- **Wann** Herbst
- **Wo** Auf fetten, kalkigen Böden, meist auf offenen Grasflächen, an Straßenrändern und in Parks; in Wäldern auf nacktem, kalkreichem Boden
- **Vorkommen** In kleinen Scharen oder ausgeprägten Hexenringen
- **Farbe** Hut blass lederfarben, Stiel lila
- **Größe** Hut 5–20 cm breit, Stiel 3–7 cm lang und 1,5–4 cm dick
- **Sporenfarbe** Altrosa
- **Verbreitungsgebiet** In Europa und Nordamerika weit verbreitet

Küche

- **Geschmack** intensiv und fleischig
- **Zubereitung** Vor dem Essen garen.
- **Rezepte** Jedes Rezept für gemischte Pilze *(S. 162–185)*

VON UNTEN

LÄNGSSCHNITT

Wächst in kleinen Scharen im Gras.

Geselliger Rasling *Lyophyllum decastes*

Dieser Pilz bildet im Spätherbst dichte Büschel aus und bevorzugt Park- und Gartenerde. Der graubraune Hut ist silbrig gestreift und am Rand gewellt. Die Lamellen sind weiß bis hellgrau. Der Stiel ist oben weiß und wird zur Basis hin zunehmend bräunlich.

VON DER SEITE

Natur

- **Wann** Sommer bis Spätherbst
- **Wo** An Reitwegen im Wald, in Gärten und Parks, oft auf gestörten Böden
- **Vorkommen** In dichten Büscheln
- **Farbe** Hut graubraun, Stiel weißlich bis braun
- **Größe** Hut 5–10 cm breit, Stiel 4–10 cm, ausnahmsweise bis zu 15 cm lang und 0,5–2,5 cm dick
- **Sporenfarbe** Weiß
- **Verbreitungsgebiet** In Europa, Nordamerika und weiteren nördlichen gemäßigten Zonen weit verbreitet und häufig

VON UNTEN

Küche

- **Geschmack** Mild
- **Rezepte** Jedes Rezept für gemischte Pilze *(S. 162–185)*

Wächst oft büschelig in Parks.

Mehlpilz *Clitopilus prunulus*

Der Mehlpilz verdankt seinen Namen dem intensiven Duft nach frisch gemahlenem, feuchtem Mehl. Seine rosigen Lamellen laufen wie beim Pfifferling am Stiel herab, der zur Gänze hellgrau bis weiß ist. Führen Sie die Bestimmung sehr sorgfältig durch; es gibt zwei oder drei ähnliche Giftpilze. Am besten fertigen Sie zur Sicherheit einen Sporenabdruck an *(siehe S. 36)*.

Natur

- **Wann** Sommer bis Spätherbst
- **Wo** Auf humusreichen, überwiegend sauren Waldböden, auch bei Bäumen auf Grasflächen
- **Vorkommen** In kleinen Gruppen oder großen Scharen
- **Farbe** Blass grauweiß
- **Größe** Hut 3–9 cm breit, Stiel 2–6 cm lang und 0,5–1 cm, manchmal auch bis zu 1,5 cm dick
- **Sporenfarbe** Blassrosa
- **Verbreitungsgebiet** In Europa, Nordamerika und weiteren nördlichen gemäßigten Zonen weit verbreitet und häufig

Küche

- **Geschmack** Mild
- **Rezepte** Jedes Rezept für gemischte Pilze *(S. 162–185)*

Wächst oft in Scharen im Gras.

Schopftintling *Coprinus comatus*

Diese essbare Art ist fleischiger als die meisten anderen Tintlinge. Man erkennt sie am Hut, der wie eine unordentliche Perücke aussieht und leicht zerfließt. Der Stiel ist weiß und hat einen auffälligen Ring. Ernten Sie nur junge Exemplare und bereiten Sie sie möglichst bald zu.

Natur

- **Wann** Spätes Frühjahr bis Spätherbst
- **Wo** Auf Rasen, an den Rändern von Straßen und Waldwegen, oft auf gestörten Böden
- **Vorkommen** In großen Scharen
- **Farbe** Hut weiß bis grau, Stiel weiß
- **Größe** Hut 5–20 cm hoch und 2–6 cm breit, Stiel 10–35 cm lang und 1–2 cm, manchmal bis zu 3 cm dick
- **Sporenfarbe** Schwarz
- **Verbreitungsgebiet** In Europa, Nordamerika und anderen nördlichen gemäßigten Zonen weit verbreitet und häufig, in Australien und Neuseeland heimisch geworden

Küche

- **Geschmack** Intensiv
- **Zubereitung** Vorsicht, beim Kochen tritt ein schwarzer, tintenartiger Saft aus.
- **Rezepte** Jedes Rezept für gemischte Pilze *(S. 162–185)*

Wächst in Scharen auf gestörtem Boden.

Edelreizker *Lactarius deliciosus*

Dies ist eine der vielen *Lactarius*-Arten mit kräftig orangefarbener Milch. Der Hut hat dunkelorange Ringe und färbt sich bei Druck grün. Der blassorange Stiel hat dunklere Vertiefungen. Diese Art ist an ihren klaren Farben und der Vorliebe für feuchte Standorte und solche unter Kiefern leicht zu erkennen.

Natur

- **Wann** Sommer bis Spätherbst
- **Wo** Unter oder nahe Kiefern mit paarig stehenden Nadeln, z. B. Waldkiefern
- **Vorkommen** In Scharen
- **Farbe** Hut bräunlich orange, Stiel blassorange mit dunklen Vertiefungen
- **Größe** Hut 5–15 cm breit, Stiel 3–7 cm lang und 1–3 cm dick
- **Sporenfarbe** Weißlich
- **Verbreitungsgebiet** In Europa, Nordamerika und weiteren gemäßigten Zonen weit verbreitet, in Australien, Neuseeland und Chile heimisch geworden

Küche

- **Geschmack** Mild
- **Zubereitung** Vor dem Essen blanchieren.
- **Rezepte** Edelreizker mit Crème double *(S. 120)*, Gebratene Hühnerbrust mit Ragout von Edelreizkern *(S. 130–131)*

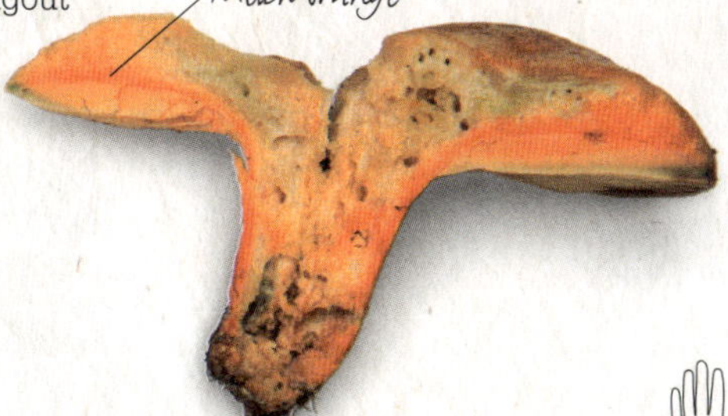

Wächst in Scharen bei Kiefern.

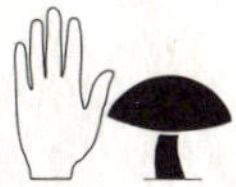

Kleiner Waldchampignon *Agaricus silvaticus*

Dieser nahe Verwandte des Wiesenchampignons *(siehe S. 55)* hat feine, braune, radiär angeordnete Faserschuppen auf dem Hut. Wie sein alternativer Name Kleiner Blutchampignon andeutet, färbt sich sein weißes Fleisch beim Aufschneiden oder bei Druck dunkelrot.

Natur

- **Wann** Sommer bis Spätherbst
- **Wo** Auf Kiefernadeln und anderer Nadelbaumstreu in Wäldern, Forsten und Parks, oft auch auf Holzmulch
- **Vorkommen** In Scharen oder Hexenringen
- **Farbe** Hut braun bis dunkelbraun, Stiel hellbraun
- **Größe** Hut 5–10 cm breit, Stiel 5–10 cm lang und 0,5–1,5 cm dick, Stielbasis bis zu 2,5 cm dick
- **Sporenfarbe** Schokoladenbraun
- **Verbreitungsgebiet** In Europa, Nordamerika und weiteren nördlichen gemäßigten Zonen weit verbreitet

Küche

- **Geschmack** Recht intensiv
- **Rezepte** Jedes Rezept für gemischte Pilze *(S. 162–185)*

VON DER SEITE

LÄNGSSCHNITT

VON UNTEN

Wächst oft in Scharen auf Nadelstreu.

Riesenchampignon *Agaricus augustus*

Den Riesenchampignon erkennt man an den braunen Schuppenringen auf dem Hut, der Gelbfärbung, mit der das Fleisch auf Verletzung reagiert, und dem Geruch nach Anis oder Bittermandeln. Der Stiel ist weiß bis rosabraun und geschuppt. Dieser Pilz lagert das Schwermetall Cadmium ein und sollte daher nur in kleinen Mengen genossen werden.

Natur

- **Wann** Sommer bis Spätherbst
- **Wo** Auf fetten Böden in allen Waldtypen und Parks sowie auf Gartenkompost
- **Vorkommen** In kleinen Gruppen oder großen Scharen
- **Farbe** Hut orangebraun, Stiel weiß bis rosabraun
- **Größe** Hut 8–15 cm oder bis zu 20 cm breit, Stiel 7–12 cm oder bis zu 20 cm lang und 1,5–3,5 cm dick
- **Sporenfarbe** Schokoladenbraun
- **Verbreitungsgebiet** In den nördlichen gemäßigten Zonen; weit verbreitet in Europa, Nordamerika, Kanada und Teilen Mexikos

Küche

- **Geschmack** Intensiv
- **Rezepte** Jedes Rezept für gemischte Pilze *(S. 162–185)*

VON DER SEITE

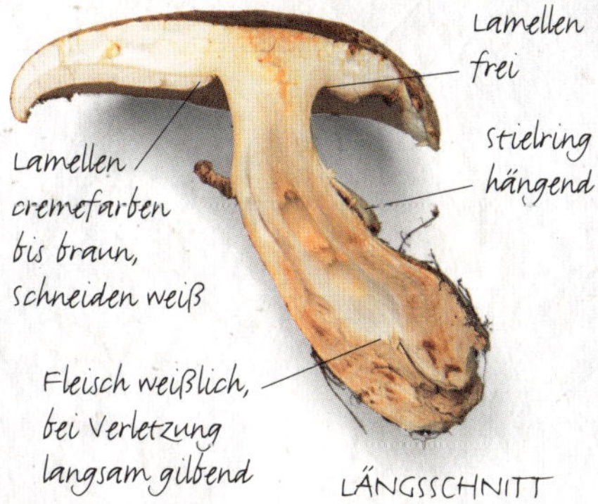

LÄNGSSCHNITT

VON UNTEN

Wächst oft in Scharen auf fetten Böden.

Maronenröhrling *Boletus badius*

In vielem ähnelt der Maronenröhrling dem Steinpilz *(siehe S. 60)*, aber man erkennt ihn am gleichmäßig rotbraunen Stiel, der zylindrischer ist und kein Adermuster trägt. Die gelbgrünen Poren verfärben sich bei Berührung blau, aber beim Kochen verschwinden diese Flecken wieder. Suchen Sie diesen Pilz im Spätherbst, wenn die anderen Röhrlinge ihre beste Zeit bereits hinter sich haben.

Natur

- **Wann** Frühsommer bis Spätherbst
- **Wo** In Wäldern und Forsten, meist unter Kiefern, aber auch bei Laubbäumen
- **Vorkommen** Einzeln oder in lockeren Gruppen
- **Farbe** Hut dunkelkastanienbraun, Stiel rotbraun
- **Größe** Hut 4–15 cm breit, Stiel 4–12 cm lang und 1–4 cm dick
- **Sporenfarbe** Olivbraun
- **Verbreitungsgebiet** In den nördlichen gemäßigten Zonen; in Europa und Nordamerika weit verbreitet

Küche

- **Geschmack** Hervorragend
- **Rezepte** Knusprige Maronenröhrlingshüte *(S. 133)*, Pilz-Bruschetta *(S. 146–147)*

VON DER SEITE

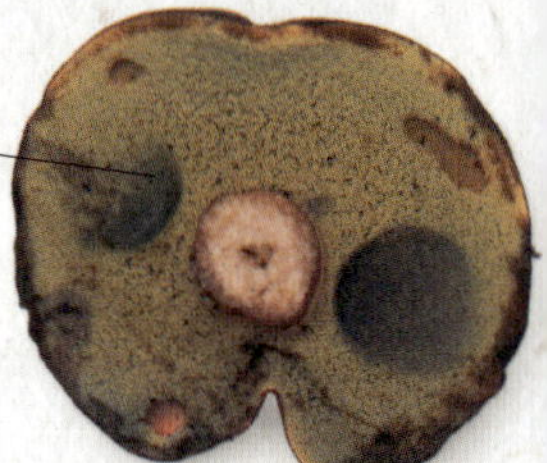

VON UNTEN

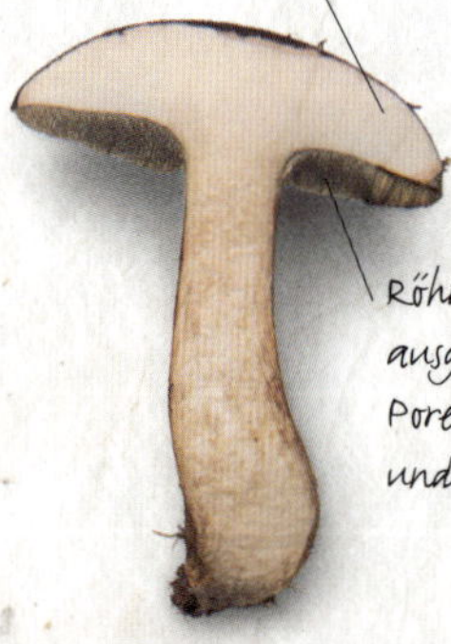

LÄNGSSCHNITT

Wächst verstreut unter Kiefern.

Goldröhrling *Suillus grevillei*

Im Frühherbst sieht man diesen Röhrling oft unter oder auch in einiger Entfernung von Lärchen sprießen, mit denen er in Symbiose lebt. Er ist variabel gefärbt, aber häufig lebhaft gelborange. Sein Duft wurde mit dem zerriebener Pelargonien verglichen. Es empfiehlt sich, die Hüllenreste und die Huthaut abzuziehen, die leicht aufweichen und schleimig werden.

Natur

- **Wann** Sommer bis Herbst
- **Wo** Im Gras und in der Streu in der Nähe von Lärchen, in Wäldern, Forsten und Gärten
- **Vorkommen** In Scharen
- **Farbe** Hut lebhaft gelb bis gelborange, Stiel gelborange
- **Größe** Hut 5–10 cm, manchmal bis zu 18 cm breit, Stiel 4–10 cm, manchmal bis zu 20 cm lang und 1–2 cm, manchmal bis zu 2,5 cm dick
- **Sporenfarbe** Gelbbraun
- **Verbreitungsgebiet** In Europa, Nordamerika und weiteren nördlichen gemäßigten Zonen weit verbreitet

Küche

- **Geschmack** Mild
- **Rezepte** Pilz-Bruschetta *(S. 146–147)*, Röhrlinge mit Aceto balsamico *(S. 159)*

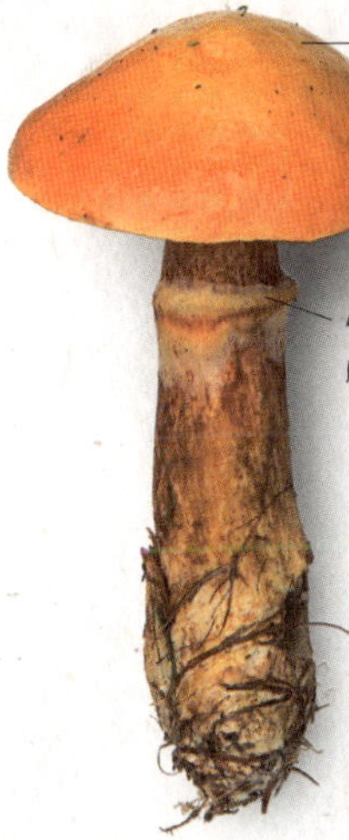

VON DER SEITE

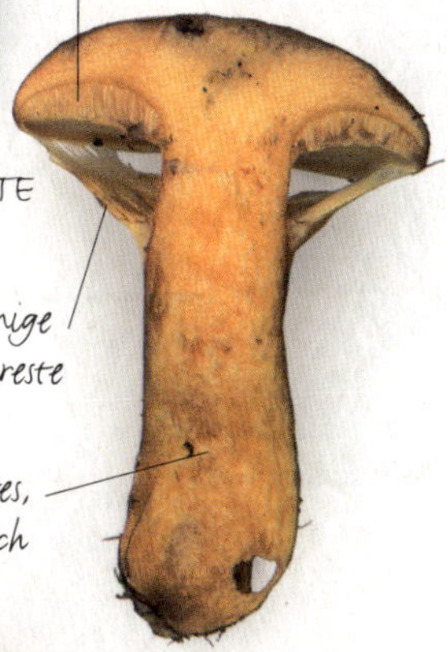

LÄNGSSCHNITT

VON UNTEN

Wächst oft in Scharen im Gras.

Flaschenstäubling *Lycoperdon perlatum*

Die kurzen, warzenartigen Stacheln auf diesem kleinen, weißen Stäubling hinterlassen ein regelmäßiges Muster auf der Haut, wenn sie abfallen. Sie setzen sich auch auf dem Stiel fort, wenngleich weniger dicht. Wenn der Flaschenstäubling reif und braun wird, entlässt er seine Sporen durch eine Öffnung in der Mitte des Fruchtkörpers.

Natur

- **Wann** Sommer bis Spätherbst
- **Wo** Auf Waldböden, aber auch im offenen Grasland
- **Vorkommen** In dichten Gruppen und Büscheln, gelegentlich auch einzeln
- **Farbe** Weiß bis braun
- **Größe** Fruchtkörper 4–7 cm, manchmal auch nur 2 cm oder bis zu 9 cm hoch und 2–4 cm breit
- **Sporenfarbe** Gelblich bis olivbraun
- **Verbreitungsgebiet** In Europa und Nordamerika weit verbreitet und recht häufig

Küche

- **Geschmack** Junge Exemplare mild, mit schwammiger Konsistenz
- **Zubereitung** Nur junge Exemplare essbar
- **Rezepte** Jedes Rezept für gemischte Pilze *(S. 162–185)*

VON DER SEITE

LÄNGSSCHNITT

Wächst oft in dichten Gruppen am Boden.

Trompetenpfifferling *Cantharellus tubaeformis*

Trotz des leuchtend gelben, schlanken Stiels ist dieser Pilz in der Streu schwer zu entdecken, da sein dunkelbrauner, samtiger Hut und seine grauen Lamellen sich kaum vom toten Laub abheben. *Wenn* man ihn findet, wird man aber meist reich belohnt, weil er in Massen auftritt und auch getrocknet werden kann. Da er Frost übersteht, kann man ihn manchmal auch im Winter ernten.

Natur

- **Wann** Spätsommer bis Winter
- **Wo** Unter Laub- und Nadelbäumen, vor allem in älteren, moosreichen Fichtenwäldern und -forsten
- **Vorkommen** In großen Scharen
- **Farbe** Hut dunkelbraun, Stiel gelb
- **Größe** Hut 1–6 cm breit, Stiel 3–8 cm lang und 0,3–0,8 cm dick
- **Sporenfarbe** Weiß
- **Verbreitungsgebiet** In ganz Europa und Nordamerika weit verbreitet

Küche

- **Geschmack** Mild
- **Rezepte** Linguine und Trompetenpfifferlinge *(S. 126–127)*, Rührei mit Pfifferlingen *(S. 160–161)*

VON DER SEITE

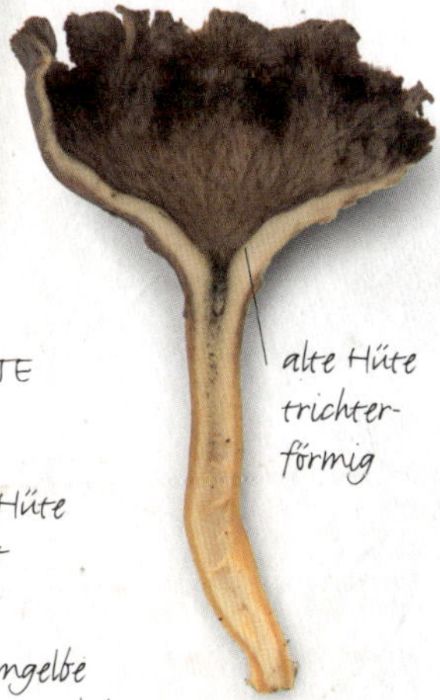

LÄNGSSCHNITT

VON DER SEITE

VON UNTEN

Wächst in großen Scharen im Wald.

Austernseitling *Pleurotus ostreatus*

Diese Art, wegen ihrer Form und des seitlichen Stiels so benannt, mag Kälte und erscheint erst spät im Jahr. Frische Exemplare sind oft hübsch blaugrau gefärbt und haben festes Fleisch. Es ist eher diese Textur als der schwache Geschmack, der die Art zu einem beliebten Speise- und Kulturpilz macht.

Natur

- **Wann** Herbst bis Winter
- **Wo** Auf totem oder absterbendem Laubholz, seltener auf Nadelholz
- **Vorkommen** In Schichten und Reihen
- **Farbe** Hut braun bis dunkelblaugrau
- **Größe** Hut 6–20 cm breit, Stiel 0–5 cm lang und 1–2 cm dick
- **Sporenfarbe** Blasses, trübes Lilagrau
- **Verbreitungsgebiet** Gemäßigte Zonen; weit verbreitet in Europa, Nord- und Mittelamerika sowie Teilen Asiens und Australiens

Küche

- **Geschmack** Sehr mild
- **Zubereitung** Der Stiel, mit dem der Pilz sich ans Holz klammert, kann sehr zäh sein und sollte entfernt werden. Nur junge, feste Exemplare essen.
- **Rezepte** Warmer Salat von Austernseitlingen *(S. 140–141)*

VON DER SEITE

LÄNGSSCHNITT

VON UNTEN

Wächst oft mehrstöckig auf totem Holz.

Birnenstäubling *Lycoperdon pyriforme*

Wie der Flaschenstäubling *(siehe S. 84)* ist der Birnenstäubling klein und weiß, und nur junge Exemplare sind essbar. Seine Haut trägt ebenfalls Warzen, ist aber glatter. Reife Exemplare sind braun und entlassen ihre Sporen durch eine zentrale Öffnung. Von seinem verbreiteteren Verwandten unterscheidet ihn seine längliche Birnenform, und er wächst nicht im Gras, sondern auf morschem Holz.

Natur

- **Wann** Sommer bis Spätherbst
- **Wo** Auf morschem Laubholz, seltener auf Nadelholz, in Wäldern, Parks und Gärten
- **Vorkommen** In Büscheln
- **Farbe** Beige
- **Größe** Fruchtkörper 1,5–6 cm hoch und 1–2,5 cm breit
- **Sporenfarbe** Olivbraun
- **Verbreitungsgebiet** Fast weltweit außer in den extremen Klimazonen

Küche

- **Geschmack** Mild, Konsistenz schwammig
- **Zubereitung** Nur junge, feste Exemplare sind essbar.
- **Rezepte** Jedes Rezept für gemischte Pilze *(S. 162–185)*

VON DER SEITE

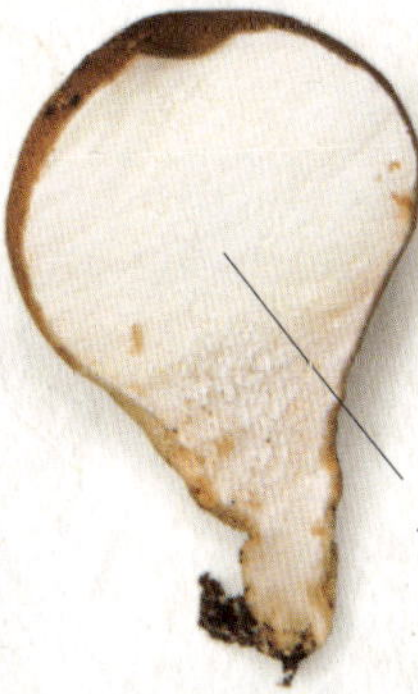

LÄNGSSCHNITT

Wächst büschelig auf morschem Holz.

Samtfußrübling *Flammulina velutipes*

Diese Art wird auch Winterpilz genannt, da sie zu den wenigen gehört, die den ersten Frost überstehen, ja bei Kälte erst richtig gedeihen. Der Samtfußrübling bildet dichte Büschel auf Laubbaumstämmen. Am orangebraunen Hut und dem samtigen, braunen Stiel ist er leicht zu erkennen.

VON DER SEITE

VON DER SEITE

Natur

- **Wann** Spätherbst bis Frühjahr
- **Wo** Auf lebenden, zumeist geschwächten Laubbäumen, vor allem Ulmen, Weiden und Pappeln, seltener auf Nadelholz
- **Vorkommen** In dichten Büscheln
- **Farbe** Hut orangebraun, Stiel mittel- bis dunkelbraun
- **Größe** Hut 1–6 cm, manchmal bis zu 10 cm breit; Stiel 2–7 cm, manchmal bis zu 10 cm lang und 0,3–1 cm dick
- **Sporenfarbe** Weiß
- **Verbreitungsgebiet** In den meisten gemäßigten Zonen der Welt: auf den Britischen Inseln und dem europäischen Festland, in Nordafrika und Teilen Asiens sowie der nordkalifornischen Küstenregion

Küche

- **Geschmack** Mild
- **Rezepte** Jedes Rezept für gemischte Pilze *(S. 162–185)*

Wächst oft büschelig auf Laubholz.

Weiße Albatrüffel *Tuber magnatum*

Diese Spezialität aus dem italienischen Piemont ist eines der teuersten Lebensmittel der Welt. Die Weiße Albatrüffel, auch Weiße Trüffel oder Piemont-Trüffel genannt, hat einen würzigen Duft und Geschmack, ihr Fleisch ist hart und spröde. Man versucht seit einiger Zeit, die Art durch Beimpfen der Wurzeln passender Wirtsbäume zu kultivieren. Sollte dies eines Tages gelingen, könnte der Preis erheblich fallen.

VON DER SEITE

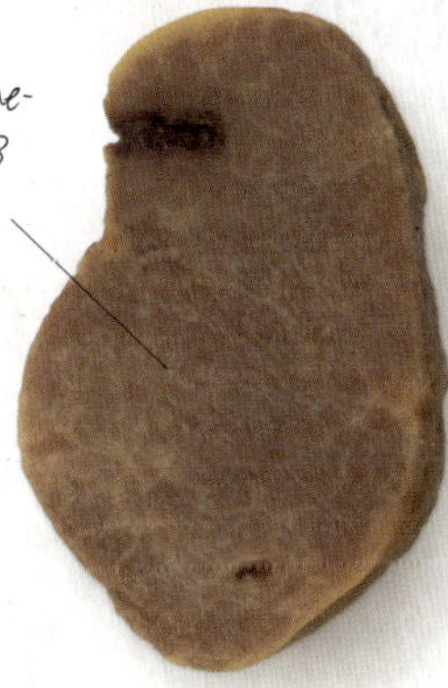

AUFGESCHNITTEN

Natur

- **Wann** Herbst bis Winter
- **Wo** In kalkreichen Böden, meist zwischen den Wurzeln von Eichen, aber auch an Pappeln oder Weiden
- **Vorkommen** Einzeln
- **Farbe** Cremefarben bis hellbraun
- **Größe** Fruchtkörperdurchmesser 2–8 cm
- **Sporenfarbe** Braun
- **Verbreitungsgebiet** Überwiegend im Piemont in Nordwestitalien

Küche

- **Geschmack** Hervorragend
- **Zubereitung** Roh über einfache Pasta mit Sahnesauce, Risotto oder Rührei hobeln.
- **Rezepte** Risotto mit Weißer Albatrüffel *(S. 115)*

Wächst einzeln im Boden zwischen Wurzeln.

Perigordtrüffel *Tuber melanosporum*

Diese edle schwarze Trüffel, nach dem französischen Périgord benannt, wird von Profis mit Hilfe dressierter Hunde oder Schweine aufgespürt. Die wärmeliebende Art ist auf Südfrankreich, Italien und Spanien beschränkt. Die Jahresernte liegt bei etwa 300 Tonnen. Zur Zucht werden angeimpfte Setzlinge der Wirtsbäume eingesetzt. Die nah verwandte Wintertrüffel gedeiht weiter im Norden, selbst auf den Britischen Inseln.

VON DER SEITE

AUFGESCHNITTEN

Natur

- **Wann** Spätherbst bis frühes Frühjahr
- **Wo** Zwischen den Wurzeln von Steineichen und anderen Wirtsbäumen, in kalkreichen, roten, mediterranen Böden
- **Vorkommen** Einzeln
- **Farbe** Kohlschwarz
- **Größe** Fruchtkörperdurchmesser 2–7 cm
- **Sporenfarbe** Dunkelbraun
- **Verbreitungsgebiet** Vor allem am Mittelmeer: in Südfrankreich, Spanien und Italien

Küche

- **Geschmack** Hervorragend
- **Zubereitung** Dünne Scheiben oder Streifen veredeln Pasteten, Salate oder Pasta.
- **Rezepte** Spaghetti mit Perigordtrüffel *(S. 148)*

Wächst einzeln im Boden zwischen Wurzeln.

Judasohr *Auricularia auricula-judae*

Die unverwechselbaren, ohrförmigen Fruchtkörper sind frisch gallertartig, werden aber beim Trocknen sehr fest. Die rotbraune Außenseite ist mit einem feinen Flaum bedeckt, die Innenseite ist runzelig. Während sie im Westen oftmals als wertlos gelten, spielen Judasohren in der chinesischen Küche – getrocknet oder mit Reis gekocht – und in der Traditionellen Chinesischen Medizin eine große Rolle.

Natur

- **Wann** Das ganze Jahr über
- **Wo** In feuchten Wäldern auf Laubholz, oft auf Holunder
- **Vorkommen** In Schichten und Reihen auf der Rinde
- **Farbe** Rotbraun
- **Größe** Fruchtkörper 2–10 cm breit
- **Sporenfarbe** Weiß
- **Verbreitungsgebiet** Gemäßigte und subtropische Klimazonen; in Europa, Nordamerika, Asien und Australien weit verbreitet

Küche

- **Geschmack** Mild
- **Rezepte** Jedes Rezept für gemischte Pilze *(S. 162–185)*

SCHRÄG VON UNTEN

VON DER SEITE

VON UNTEN

Wächst mehrstöckig auf Rinde.

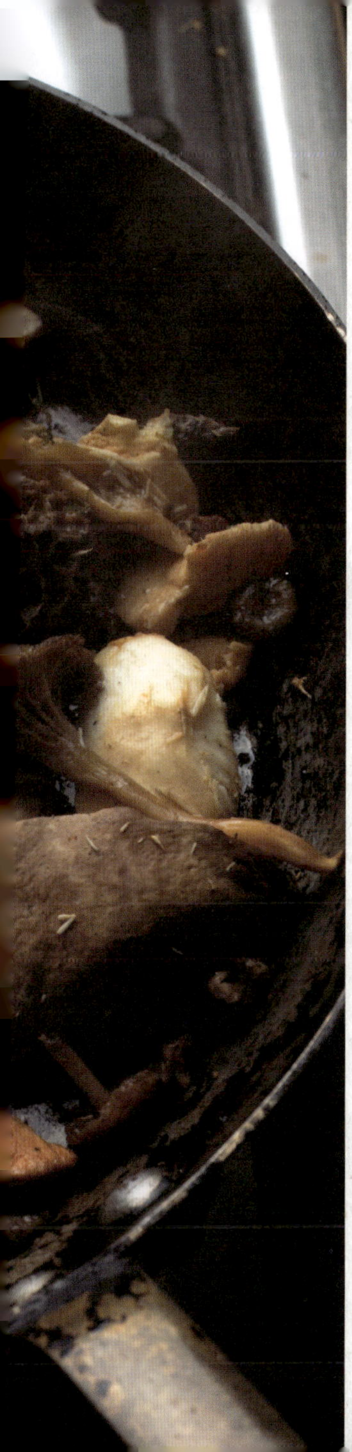

In der Küche

Verarbeitung

Entdeckt man eine ergiebige Fundstelle, so wirft man oft im Eifer des Gefechts die ganze Ausbeute kunterbunt durcheinander und ungesäubert in seinen Korb. Das rächt sich später in der Küche. Entfernen Sie daher gleich beim Ernten so viel Moos und Erde, so viele Insekten, Schnecken, Zweiglein und Blätter wie irgend möglich.

Breiten Sie Ihre Funde so bald wie möglich auf einem Tuch auf dem Küchentisch aus. Entfernen Sie Fremdkörper und sortieren Sie die Pilze nach Art. Pilze, bei denen Sie auch nur den leisesten Zweifel haben, sollten Sie wegwerfen oder noch einmal gründlich von einem Fachmann nachbestimmen lassen.

Sobald Sie Ihre Sammlung sortiert haben, sollten Sie alle nassen Pilze trockentupfen, da sie sonst rasch von mikroskopisch kleinen Schimmelpilzen überwuchert werden. Legen Sie exquisite junge Exemplare für Salate und besonders edle Gerichte, fürs Einmachen oder Einfrieren beiseite. Verwenden Sie die weniger guten Exemplare für Suppen und Eintöpfe oder trocknen Sie sie.

Bewahren Sie alle Pilze an einem kühlen Ort auf, wenn Sie sie nicht sofort weiterverarbeiten können. Am besten lagern Sie sie im Freien, vor Sonneneinstrahlung und Regen geschützt, in einem mit feuchten Tüchern ausgelegten und abgedeckten Gefäß wie einem tiefen Tablett oder Korb. So halten sie sich bis zum nächsten oder übernächsten Tag. Spätestens dann sollten Sie sie jedoch zubereiten und verzehren.

< **Sortieren Sie Ihre Pilze** auf einem sauberen Tuch.

Putzen

Alle Pilze muss man vor dem Verzehr gründlich putzen. Sie zu waschen ist nicht sinnvoll, da sie sich mit Wasser vollsaugen und ihr Aroma leidet. Eine Ausnahme ist die Krause Glucke *(siehe S. 47)*, die viele Schmutzpartikel und Insekten enthalten kann und ihren Geschmack durch das Waschen nicht einbüßt. Die meisten Wildpilze müssen nicht »geschält« werden; die schleimige Haut des Butterpilzes *(siehe S. 66)* sollte man jedoch abziehen.

Bei den übrigen Arten, vor allem solchen mit Hut und Stiel, wischen oder bürsten Sie alle Schmutzreste ab. Schneiden Sie schlechte Stellen heraus. Sehr madige Stiele und Hüte werfen Sie weg. Dann können Sie die Pilze im Kühlschrank maximal zwei bis drei Tage aufbewahren, am besten auf Küchenpapier in einer verschließbaren Plastikbox.

Robuste Arten – wie Steinpilze, Rötelritterlinge und Streiflinge

1 Mit einem kleinen, scharfen Messer Erde usw. vom Stielende abschaben.

2 Mit einem feuchten Tuch abwischen; alte Röhrenschichten am besten entfernen.

3 Mit dem Messer den Stiel abschaben, um ihn zu säubern, und das Ende abschneiden.

Empfindliche Arten wie Morcheln und Pfifferlinge

Mit einem Küchenpinsel oder der Bürste des Pilzmessers vorsichtig säubern; besonders hartnäckigen Schmutz, Blätter oder Kiefernadeln mit einer spitzen Klinge herausschneiden.

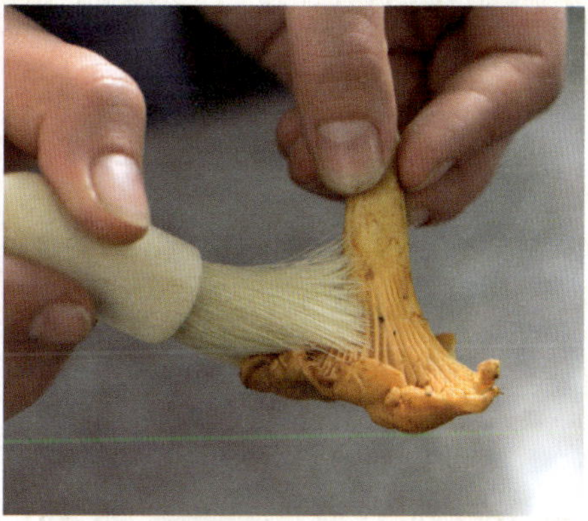

Semmelstoppelpilz

1 Die Stoppeln müssen vor dem Kochen entfernt werden, da sie eine unangenehme Konsistenz haben und (vor allem bei älteren Exemplaren) bitter schmecken können.

2 Dazu die Hutunterseite leicht abreiben, entweder mit einer Bürste oder der stumpfen Seite eines Messers oder aber mit dem Daumen, wenn die Verfärbung durch die Gerbstoffe Sie nicht stört.

Zerteilen

Am besten zerteilen Sie Ihre Ausbeute gleich nach dem Putzen. Manche Pilze sind trügerisch: Von außen sehen sie makellos aus, aber beim Aufschneiden zeigt sich, dass ihr Fleisch von feinen Madenfraßgängen durchsiebt ist. Maden fangen meist in der Hutmitte an und fressen sich zum Rand durch. Werfen Sie daher nicht gleich den ganzen Hut weg, sondern besehen Sie sich den Schaden genau und heben Sie die intakten Teile auf.

Feste, große Pilze wie Steinpilze, Schwefelporlinge und Riesenboviste schneidet man mit dem Messer in Scheiben. Spröde Arten wie den Semmelstoppelpilz kann man zerbrechen, während man faserige Arten wie Pfifferlinge am besten zerpflückt.

Robuste Arten – wie Steinpilze, Rötelritterlinge und Streiflinge

1 Bei großen oder älteren Exemplaren sollten Sie den Hut vom Stiel trennen.

2 Mit einem kleinen, scharfen Messer den Hut in senkrechte Scheiben schneiden. Werfen Sie weiche und sehr madige Pilzhüte weg.

3 Stiel längs in schmale Scheiben schneiden. Hohle, zähe und madige Stiele wegwerfen.

4 Kleine und junge Exemplare können im Ganzen aufgeschnitten werden.

Riesenbovist

Halten Sie den Pilz auf einem Schneidebrett fest. Schneiden Sie mit einem großen, scharfen Messer wie von einem Brotlaib Scheiben ab.

Morcheln

1 Drehen Sie den Stiel energisch, bis er sich sauber vom Hut löst. Kleine, junge Exemplare können am Stück verwendet werden.

2 Mit einem scharfen Messer große Hüte längs in Hälften oder Viertel zerteilen. Den Hohlraum innen nach Insekten absuchen.

Spröde Arten – wie Semmelstoppelpilze; auch Steinpilze, Rötelritterlinge und Streiflinge

Mit Daumen und Zeigefinger den Hut in etwa gleich große Stücke brechen. Zähe oder hohle Stiele wegwerfen.

Pfifferlinge

1 Große Pfifferlinge vom Hut ausgehend in Hälften zerpflücken. Kleine Exemplare können Sie im Ganzen verwenden.

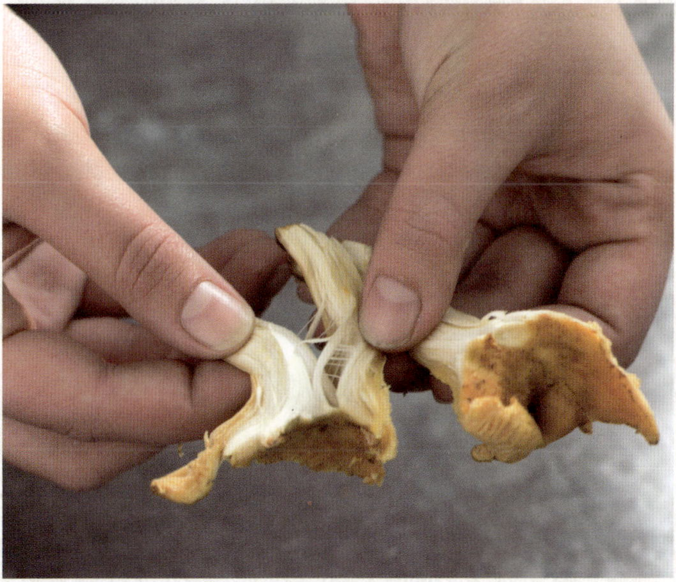

2 Vorsichtig in Viertel zerpflücken. Wenn die Stiele zum Essen zu zäh sind, schneiden Sie sie ab, um damit einen Pilzfond anzusetzen.

Zubereiten

Nur wenige Pilzarten sind roh genießbar. Zum Beispiel passen dünne Wiesenchampignon- oder Steinpilzscheiben vorzüglich in Salate, und eine Trüffel hobelt man idealerweise einfach über Pasta oder Eier. Doch die meisten wilden Speisepilze isst man am besten frisch gebraten. Manche wie Morcheln und Streiflinge sind roh sogar giftig. Sie müssen unbedingt gründlich gegart werden, damit sie genießbar werden.

Um das Aroma so gut wie möglich zur Geltung zu bringen und die Textur der Pilze zu erhalten, sollten Sie wissen, welche Zubereitungsmethode für welche Arten am besten geeignet ist. Wenn Sie gemischte Pilze verwenden *(Rezepte: S. 162–185)*, bedenken Sie bitte, dass die Arten unterschiedliche Garzeiten haben. Passen Sie die Zubereitung entsprechend an, damit alle Exemplare zart und völlig gar sind, wenn Sie sie servieren.

Im Ofen braten – gut geeignet für Steinpilze

Legen Sie die ganzen Pilze in einen Bräter. Fügen Sie Knoblauchzehen und ein paar Zweiglein von Kräutern Ihrer Wahl hinzu und übergießen Sie alles mit Olivenöl. Im vorgeheizten Ofen bei 230 °C etwa 30–40 Minuten garen, bis die Pilze zart und braun sind; zwischendurch einmal wenden.

Sautieren – geeignet für Pfifferlinge und Nelkenschwindlinge

Erhitzen Sie eine Bratpfanne stark und geben Sie ein wenig Olivenöl oder Butter hinein. Sobald das Öl heiß ist, fügen Sie die Pilze hinzu. Schwenken Sie sie ständig in der Pfanne, bis sie beginnen braun zu werden.

In der Grillpfanne anbraten – gut für Boviste, Parasole und Wiesenchampignons

Schneiden Sie die Pilze in etwa 1 cm dicke Scheiben. Pinseln Sie eine beschichtete Grillpfanne mit Öl aus und braten Sie die Pilzscheiben bei großer Hitze auf jeder Seite etwa 2–3 Minuten an. Drehen Sie sie zur Halbzeit um etwa 90 Grad, damit sie ein schönes Rautenmuster bekommen.

Räuchern – gut geeignet für Steinpilze, Pfifferlinge und gemischte Wildpilze

1 Sorgen Sie für einen guten Luftabzug. Erwärmen Sie einen Wok bei mittlerer Hitze und geben Sie Räuchermehl (Holzspäne) hinein.

2 Hängen Sie einen Rost über die Späne und breiten Sie Pilze oder Pilzscheiben darauf aus. Decken Sie den Wok gut ab.

3 Nach etwa 10–15 Minuten sollten die Pilze zart und leicht angebräunt sein.

Blanchieren gut geeignet für Semmelstoppelpilze und Edelreizker

1 Salzen Sie das Wasser und warten Sie, bis es sprudelnd kocht. Geben Sie eine kleine Portion Pilze hinein und kochen Sie diese eine Minute lang.

2 Schöpfen Sie die Pilze mit einem Schaumlöffel heraus und lassen Sie sie auf Küchenpapier abtropfen. Wiederholen Sie diesen Vorgang, bis alle Pilze blanchiert sind.

Haltbar machen

Wenn Sie mehr Pilze gesammelt haben, als Sie sofort zubereiten und verzehren können, müssen Sie den Rest nicht wegwerfen, sondern können ihn für eine spätere Gelegenheit aufbewahren. Die meisten Wildpilze lassen sich einfrieren, in Öl, Essig oder Salzlake einlegen oder einfach trocknen.

Die bequemste Methode ist das Trocknen, das viel Platz spart und die Pilze sehr lange haltbar macht, während eingelegte oder tiefgefrorene Pilze binnen weniger Monate verbraucht werden müssen, da sonst ihre Konsistenz oder ihr Geschmack leidet. Sie können auch Bruchstücke und weniger schöne Exemplare zu einem hochkonzentrierten Fond verarbeiten oder Trockenpilzreste zu einem Pilzpulver zerreiben. Manche Pilze müssen vor dem Haltbarmachen blanchiert, also kurz in Salzwasser aufgekocht werden *(siehe S. 105)*. Dadurch bauen sich die Giftstoffe ab, die im rohen Pilzgewebe enthalten sein können, und Farbe und Form bleiben weitgehend erhalten.

Rohe Pilze einfrieren – geeignet für Totentrompeten, Morcheln, Steinpilze und Rötelritterlinge

Legen Sie die ganzen Pilze in einen Gefrierbeutel, drücken Sie die Luft heraus und verschließen Sie ihn gut. Sie können die ganzen Pilze auch erst auf einem offenen Tablett einfrieren und dann vor dem Verpacken die Eiskristalle abschaben. Damit Geschmack und Konsistenz nicht leiden, sollten tiefgefrorene Pilze höchstens drei Monate aufbewahrt werden.

Sautierte Pilze einfrieren – geeignet für Pfifferlinge, Schwefelporlinge und Hallimasch

Braten Sie die Pilze in Butter oder Olivenöl in der Pfanne kurz an *(siehe S. 103)* und lassen Sie sie auf Küchenpapier auskühlen. Legen Sie sie in ein luftdichtes Vorratsgefäß und verschließen Sie es sorgfältig. Die Pilze sollten nach spätestens drei Monaten verbraucht werden.

Duxelle – geeignet für gemischte Wildpilze

1 Sautieren Sie die Pilze in Butter oder Olivenöl *(siehe S. 103)* und zerkleinern Sie sie gründlich in einem Mixer.

2 Füllen Sie die Masse in eine Eiswürfelform. Die Duxelle ist im Eisfach drei Monate haltbar. Gut zum Aromatisieren von Saucen und Suppen.

Große Pilze trocknen – geeignet für Rötelritterlinge, Steinpilze, Boviste/Stäublinge und Krause Glucken

1 Breiten Sie die Pilze oder Pilzscheiben so auf einem Tuch auf einem Backblech aus, dass sie sich nicht überlappen. Im Ofen bei niedriger Temperatur trocknen.

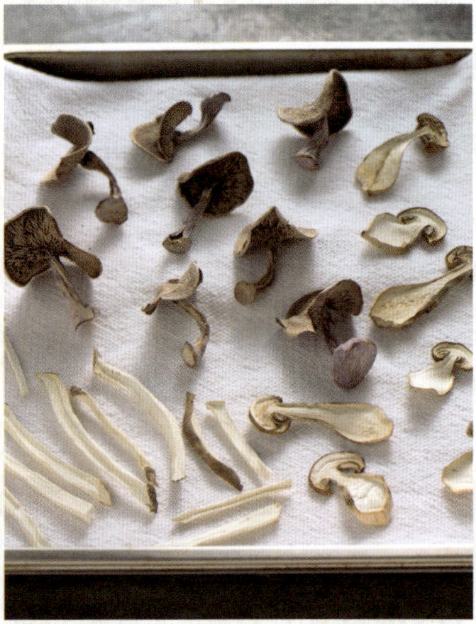

2 Regelmäßig überprüfen. Nehmen Sie die Pilze aus dem Ofen, sobald sie geschrumpft, spröde und trocken sind. In einem luftdichten Gefäß sind sie maximal ein Jahr haltbar.

Kleine Pilze trocknen – geeignet für Totentrompeten und Pfifferlinge

Fädeln Sie die Pilze mit einer Nadel auf einen Faden. Knoten zwischen den Pilzen verhindern das Zusammenrutschen. Hängen Sie die Pilzgirlande an einem warmen, gut durchlüfteten Ort auf. Bewahren Sie die getrockneten Pilze in einem luftdichten Gefäß bis zu einem Jahr auf.

Trockenpilze einweichen

Legen Sie die Trockenpilze in eine Schale und bedecken Sie sie mit lauwarmem Wasser. Schöpfen Sie sie nach einigen Stunden mit einem Schaumlöffel heraus. Das Einweichwasser können Sie für einen Fond oder zum Aromatisieren einer Suppe verwenden. Seihen Sie es vorher durch, da es Spuren von Schmutz enthalten kann.

Einlegen – gut geeignet für junge Morcheln, Steinpilze und Nelkenschwindlinge

1 Kochen Sie 300 ml Wasser, 200 ml Weinessig, 2 Chilischoten, 1 Knoblauchzehe und ein paar Pfefferkörner 10 Minuten. Abkühlen lassen und die Pilze in einem Einweckglas übergießen.

2 Pilze ganz bedecken, evtl. 1–2 Lorbeerblätter hinzugeben, Glas verschließen. An einem kühlen, dunklen Ort bis zu 3 Monate haltbar. Vor dem Servieren abgießen, etwas Öl unterheben.

Die Rezepte

Stäubling-Tempura

Andrew Sartain

Wiesenstäublinge sind wie geschaffen für dieses köstliche Rezept: Der knusprige Ausbackteig und das zarte Pilzfleisch bilden eine gelungene Kombination. Die süß-salzige Dashi-Sauce rundet das Gericht perfekt ab.

Als Snack oder Vorspeise für 4 Personen
Vorbereitung: 10 Minuten
Kochzeit: 20 Minuten

Für den Teig

5 EL Weizenmehl
3 EL Maismehl
1 EL Backpulver
200 ml Eiswasser
Erdnuss- oder anderes Pflanzenöl zum Frittieren

Für die Füllung

12 Wiesenstäublinge
Olivenöl
Salz und Pfeffer
blanchierte Romana-Salatblätter

Für die Dashi-Sauce

2 TL dunkler Sherry
1 TL geriebener Ingwer
4 TL kaltes Wasser
Sojasauce zum Abschmecken

TL = Teelöffel
EL = Esslöffel

1 Trockene Teigzutaten in einer großen Schüssel mischen. Eiswasser langsam einrühren, bis ein dünner Teig entsteht.

2 Einen Wok ca. 7 cm hoch mit Erdnuss- oder anderem Pflanzenöl füllen und auf 200 °C erhitzen.

3 Stäublinge in Olivenöl und Gewürzen wälzen, in je ein blanchiertes Romana-Salatblatt wickeln.

4 Eingewickelte Stäublinge in den Teig tunken und vorsichtig ins heiße Öl gleiten lassen.

5 Während des Frittierens mit einem Löffel weiteren Teig auf die Stäublinge träufeln, sodass mehrere Teigschichten entstehen. So lange wenden, bis der Teig goldgelb und knusprig ist.

6 Frittierte Stäubling-Pakete auf Küchenpapier legen, das überschüssiges Öl aufsaugt.

7 Sherry, Ingwer, Wasser und Sojasauce zu einer Dashi-Sauce vermischen. Diese zum Dippen in eine kleine Servierschale umfüllen.

Erste Wahl

Wiesenstäublinge *(S. 69)*

Alternativen:

Flaschenstäublinge *(S. 84)*
Wiesenchampignons *(S. 55)*

Pfifferling-Jakobsmuschel-Salat

Andrew Sartain

Dieses Gericht sieht beeindruckend aus und ist raffiniert komponiert, dabei aber ganz einfach vorzubereiten und zu kochen. Die Pfifferlinge setzen einen gelungenen Kontrapunkt zum zarten Geschmack der Jakobsmuscheln.

Für 4 Personen
Vorbereitung: 10 Minuten
Kochzeit: 10–15 Minuten

8 Jakobsmuscheln mit Rogen
50 g Butter
1 Schalotte, geschält und gewürfelt
4 EL Wermut
200 ml Fischfond
100 ml Crème double
Salz und frisch gemahlener schwarzer Pfeffer
400 g Pfifferlinge
einige Spritzer Zitronensaft

1 Trennen Sie den Rogen (orange) vom Schließmuskelfleisch (weiß).

2 Die Hälfte der Butter in einer kleinen Kasserolle erhitzen. Schalottenwürfel 1–2 Minuten glasig werden lassen, bevor Sie den Rogen, den Wermut, den Fischfond und die Crème double hinzufügen. 2–3 Minuten kochen und vom Herd nehmen. In einen Mixer füllen und fein pürieren.

3 Durch ein feines Sieb streichen und wieder in den Topf gießen. Kochen, bis die Masse auf zwei Drittel reduziert ist. Würzen und beiseite stellen.

4 Restliche Butter in einer Bratpfanne zum Schmelzen bringen und Pfifferlinge darin anbraten. Vorsichtig umrühren, bis die Pilze gar, aber noch bissfest sind.

5 Muskelfleisch würzen und in einer Grillpfanne oder sehr heißen Bratpfanne auf beiden Seiten anbraten. Etwas Zitronensaft darübergeben.

6 Die Pilze ringförmig auf vier kleine Teller verteilen. Je zwei Muscheln in die Mitte setzen und mit der Sauce begießen. Sofort servieren.

Erste Wahl
Pfifferlinge *(S. 45)*
Alternativen: Edelreizker *(S. 79)*
Austernseitlinge *(S. 86)*

Risotto mit Weißer Albatrüffel

Anna Del Conte

Dieses einfache Gericht ist ein Traum: Der dezente Geschmack eines schlichten, guten Risottos ist die ideale Basis für das einzigartige, unbeschreibliche Aroma hauchzarter Albatrüffelscheiben.

Für 4 Personen
Vorbereitung: 10–15 Min.
Kochzeit: 25 Minuten

1,2 l Hühnerbrühe oder leichte Fleischbrühe

2 Schalotten oder 1 kleine Zwiebel, geschält

60 g Butter

300 g italienischer Risottoreis, am besten Carnaroli

40 g frisch geriebener Parmesan

1 Weiße Albatrüffel, etwa 50 g (Erde sorgfältig abbürsten!)

1 Bringen Sie die Brühe zum Köcheln. Währenddessen Schalotten oder Zwiebel fein hacken und in einem schweren Topf mit der Hälfte der Butter 2–3 Minuten anschwitzen, bis sie glasig sind.

2 Den Reis zu den Zwiebeln geben und umrühren, bis alle Körner mit Butter überzogen sind. Mit einem Holzlöffel 3–4 Minuten weiterrühren, bis die Körner außen glasig werden und der Reis am Topfboden anzusetzen beginnt.

3 Etwa 200 ml Brühe hinzufügen und vom Reis aufsaugen lassen, dann die restliche Brühe in kleinen Portionen nachgießen, sodass der Reis stets mit köchelnder Flüssigkeit bedeckt ist. Häufig umrühren. Wenn Ihnen die Brühe ausgeht, bevor der Reis gar ist, mit kochendem Wasser auffüllen.

4 Wenn der Reis nach etwa 18–20 Minuten gar ist, den Topf vom Feuer nehmen. Restliche Butter und geriebenen Parmesan hinzufügen, Topf gut abdecken. Eine Minute ruhen lassen, bis Butter und Käse geschmolzen sind, und dann gründlich vermengen.

5 Risotto auf eine vorgewärmte Servierplatte geben. Weiße Trüffel direkt über dem Reis in sehr dünne Scheiben hobeln und servieren.

Erste Wahl
Weiße Albatrüffel *(S. 89)*

Morchelpastete

Andrew Sartain

Der gekammerte Hut einer Morchel muss sorgfältig geputzt, das Fleisch stets gründlich gegart werden. Der exquisite Geschmack belohnt einen reichlich für diese Mühen: Dieses Pastetenrezept ist einfach köstlich.

Für 4 Personen
Vorbereitung: 45 Minuten
Kochzeit: 20–30 Minuten

Für die Samtsauce

75 g Butter

20 g Weizenmehl

250 ml Gemüsebrühe

Salz und frisch gemahlener schwarzer Pfeffer

Für die Pastete

2 EL Olivenöl

2 Knoblauchzehen, in Scheiben geschnitten

2 Schalotten oder 1 Zwiebel, fein gehackt

2 Selleriestangen, in dünne Scheiben geschnitten

1 Lauch, in Ringe geschnitten

3 Möhren, in kleine Stücke geschnitten

2 EL gehackte Petersilie

400 g Morcheln

125 ml Madeira

350 g Blätterteig

1 Ei und 1 EL Milch, verquirlt

1 Heizen Sie den Ofen auf 200 °C vor. Für die Samtsauce die Hälfte der Butter in einem mittelgroßen Saucentopf schmelzen. Mehl hinzufügen und mit einem Holzlöffel schlagen, bis die Masse völlig homogen ist.

2 Bei geringer Hitze 2–3 Minuten weiterrühren, bis die Masse eine nussige Farbe annimmt.

3 Den Topf vom Herd nehmen, die Brühe unterrühren, bis sich eventuelle Klümpchen auflösen. Würzen und wieder auf den Herd stellen. Vorsichtig aufkochen, 10 Minuten köcheln lassen und durch ein Sieb streichen.

4 Das Öl und die restliche Butter in eine große Bratpfanne geben. Knoblauch, Schalotten, Sellerie, Lauch, Möhren und Petersilie 5 Minuten sautieren. Dann die Morcheln zugeben und noch einmal 2 Minuten in der Pfanne schwenken.

5 Jetzt den Madeira zugeben und köcheln lassen, bis die Flüssigkeit auf die Hälfte reduziert ist.

6 Die Samtsauce angießen. Umrühren, bis sich alles verbunden hat, dann die Masse in vier mit Blätterteig ausgekleidete Pastetenformen füllen.

7 Formen mit ausgerollten Teigscheiben abdecken, mit der Ei-Milch-Mischung bepinseln und 20–30 Minuten backen, bis die Pasteten goldgelb sind.

Erste Wahl
Morcheln *(S. 40)*
Alternativen:
Halbfreie Morcheln *(S. 41)*
gemischte Wildpilze

Eintopf mit Wurzelgemüse und Steinpilzen

Andrew Sartain

Dieses Schmorgericht mit Wurzelgemüsen, Kräutern und Cidre ist durch die traditionellen nordfranzösischen Schweinebauch-Eintöpfe inspiriert. Die Brühe duftet fantastisch, nicht zuletzt dank der Steinpilze.

Für 4 Personen
Vorbereitung: 20 Minuten
Kochzeit: 2 Stunden

5–6 geräucherte Knoblauchzehen

8 Mairüben

1 Steckrübe, geschält und in mundgerechte Stücke geschnitten

300 g Möhren

8 ganze Schalotten, geschält

1 kg Schweinebauch (Mittelstück)

je 1 Thymian-, Rosmarin- und Salbeizweiglein, 1 Lorbeerblatt

500 ml süßer Apfelwein (Cidre)

1 l Hühnerbrühe

25 g Butter

1 EL Olivenöl

500 g Steinpilze in Scheiben

Salz und frisch gemahlener schwarzer Pfeffer

8 Blätter Wirsingkohl, grob in Stücke geschnitten

1 Knoblauch, Mairüben, Steckrübenstücke, Möhren, Schalotten, Fleisch und Kräuter in eine große, feuerfeste Kasserolle legen. Apfelwein und Brühe hinzufügen. Abdecken und zum Kochen bringen, dann bei geringer Hitze 2 Stunden schmoren.

2 20 Minuten vor Ende der Schmorzeit Butter und Olivenöl in einer Bratpfanne erhitzen. Steinpilze hineingeben, mit Salz und Pfeffer würzen. Bei großer Hitze 1 Minute anbraten, bis sich die Pilze leicht bräunen.

3 Steinpilze in die Kasserolle geben und weitere 12 Minuten simmern lassen, dann den Wirsingkohl hinzufügen und noch einmal 7 Minuten kochen.

4 Vor dem Servieren das Fleisch aus dem Topf holen und in 8 gleich dicke Scheiben schneiden. Gemüse und Brühe in tiefe Teller füllen, die Fleischscheiben darüberlegen. Reichen Sie zu diesem Eintopf gutes Brot mit einer krossen Kruste.

Erste Wahl
Steinpilze *(S. 60)*
Alternativen:
Maronenröhrlinge *(S. 82)*
Wiesenchampignons *(S. 55)*

Edelreizker mit Crème double

Anna Del Conte

Dieses Rezept stammt aus dem Nordosten der Toskana. Die Edelreizker sind eine gute Ergänzung zu Fleisch, aber auch hervorragend als Pastasauce. Probieren Sie sie auch auf geröstetem Brot, mit Kirschtomaten garniert.

Für 4 Personen
Vorbereitung: 10 Minuten
Kochzeit: 35 Minuten

450 g Edelreizker

4 EL natives Olivenöl extra

2 Knoblauchzehen, geschält und in sehr dünne Scheiben geschnitten

Salz und frisch gemahlener schwarzer Pfeffer

150 ml Crème double

4 EL glatte Petersilie, gehackt

1 Blanchieren Sie die Edelreizker in kochendem Wasser. Abtropfen lassen, abtrocknen und in Stücke schneiden. Die Stücke in einer Pfanne langsam erhitzen, bis die Flüssigkeit verdunstet ist.

2 Das Olivenöl mit dem Knoblauch erhitzen, Pilze und Gewürze hinzufügen. 30 Minuten sanft schmoren lassen, die Crème double hinzufügen und noch 5 Minuten kochen.

3 Abschmecken, die gehackte Petersilie einrühren und servieren.

Erste Wahl
Edelreizker *(S. 79)*
Alternativen: Pfifferlinge *(S. 45)*
Semmelstoppelpilze *(S. 71)*

Wildkaninchen-Confit mit Ragout von Violetten Rötelritterlingen

Andrew Sartain

Das fruchtige Aroma der Violetten Rötelritterlinge harmoniert wunderbar mit der Süße der Schalotten im Pilzragout und der rauchigen Würzigkeit des Kaninchens. Das Gericht eignet sich als Vorspeise oder leichtes Mittagessen.

Für 4 Personen
Vorbereitung: 20–25 Minuten plus 24 Stunden Marinierzeit
Kochzeit: 2 ¼ Stunden

Für die Trockenmarinade

175 g grobes Meersalz

30 g Demerara-Zucker

3 zerdrückte Wacholderbeeren

einige Thymianzweiglein

einige grob zerpflückte Lorbeerblätter

2 geschälte Knoblauchzehen

1 Kaninchen, in Schenkel und Rücken zerteilt

Für das Confit

2 Dosen (je 320 g) Gänsefett

Für das Ragout

50 g Butter

6 Schalotten, geschält und geviertelt

1 zerdrückte Knoblauchzehe

225 g Violette Rötelritterlinge, gehackt

125 ml Weißwein

250 ml Hühnerbrühe

1 EL Streuzucker

Erste Wahl
Violette Rötelritterlinge *(S. 74)*
Alternative: Morcheln *(S. 40)*

1 Vermengen Sie alle Zutaten für die Trockenmarinade in einer großen, flachen Schüssel. Legen Sie die Kaninchenteile hinein und bedecken Sie sie mit der Marinade. Im Kühlschrank abgedeckt 24 Stunden durchziehen lassen.

2 Den Ofen auf 150 °C vorheizen. Kaninchenstücke abwaschen, um das Salz zu entfernen, dann abtrocknen.

3 Kaninchen in eine Kasserolle legen und so viel Gänsefett darübergießen, dass das Fleisch ganz bedeckt ist.

4 Kasserolle abdecken, 2 Stunden im Ofen garen, bis das Fleisch so zart ist, dass es fast von den Knochen fällt.

5 Abkühlen lassen, Fleisch herausnehmen und Fett beseite stellen. Fleisch in einen Tontopf legen, mit dem Gänsefett bedecken und das Confit bis zum Verbrauchen im Kühlschrank aufbewahren.

6 Die Butter schmelzen, Schalotten 5–6 Minuten anbraten. Knoblauch zufügen und 1 Minute mitbraten. Rötelritterlinge dazugeben und 3–5 Minuten sautieren. Wein, Brühe und Zucker hinzufügen und etwa 3–5 Minuten einkochen, bis die Flüssigkeit hinreichend reduziert ist.

7 Kaninchenstücke aus dem Fett holen, gut abwischen und dann 3–5 Minuten anbraten. Vor dem Servieren das Ragout mit einem Löffel über dem Fleisch verteilen.

Radicchioblätter mit Wiesenchampignonfüllung

Anna Del Conte

Unter Hunderten von Zubereitungsmöglichkeiten für Champignons zählt diese wohl zu den delikatesten. Die Radicchioblätter dienen als knackige Schälchen für die sautierten Pilze. Ein Hauch Trüffelöl erhöht die Raffinesse.

Für 4 Personen
Vorbereitung: 15 Minuten
Kochzeit: 10 Minuten

1 großer Radicchio
6 EL natives Olivenöl extra
6 EL glatte Petersilie, gehackt
4 Anchovisfilets, gehackt
2 Knoblauchzehen, geschält und sehr fein gehackt
1 getrocknete Chilischote, entkernt und gehackt
500 g Wiesenchampignons in feinen Scheiben
Salz zum Abschmecken
Saft von einer ½ Zitrone
2 TL Trüffelöl (optional)

1 Suchen Sie 8 schöne, große Radicchioblätter aus. Blätter waschen und trockentupfen, paarweise auf Teller legen.

2 Das Olivenöl in einer Bratpfanne erhitzen und Petersilie, Anchovis, Knoblauch und Chili hinzufügen. Etwa 1 Minute unter ständigem Rühren anbraten. Sobald die Mischung brutzelt, Wiesenchampignonscheiben dazugeben und umrühren, bis sie mit dem Öl überzogen sind. Mit Salz abschmecken, bei großer Hitze weiterbraten, bis die Flüssigkeit vollständig verdampft ist.

3 Sobald die Flüssigkeit verdampft ist, sind die Pilze fertig. Erneut abschmecken. Je ein Achtel der Pilzmasse in jedes Salatblatt füllen.

4 Sie können dieses Gericht warm oder auf Zimmertemperatur abgekühlt servieren. Bevor Sie die Teller auftragen, etwas Zitronensaft und – wenn gewünscht – Trüffelöl darüberträufeln. Warmes, krosses Brot dazu reichen.

Erste Wahl
Wiesenchampignons *(S. 55)*
Alternativen:
Schafchampignons *(S. 56)*
Dünnfleischige Anischampignons *(S. 57)*

Totentrompeten mit Tintenfisch, Muscheln und Eiernudeln

Andrew Sartain

Die Totentrompete ist ein leckerer Pilz, dessen Geschmack an Pfifferlinge erinnert, aber sie kann etwas zäh sein. Sie sollten sie daher in Scheiben schneiden und ihr genug Zeit geben, in Wein und Brühe zart zu werden.

Für 4 Personen
Vorbereitung: 15 Minuten
Kochzeit: 8–12 Minuten

3 EL Erdnussöl oder anderes Pflanzenöl

1 Schalotte, geschält und gehackt

1 Knoblauchzehe, zerdrückt

200 g Totentrompeten in Scheiben

200 g Muscheln in der Schale, geputzt

200 ml Weißwein

500 g dünne Eiernudeln

500 g Tintenfisch, geputzt und in Streifen oder Ringe geschnitten

Salz und frisch gemahlener schwarzer Pfeffer

1 rote Thai-Chilischote, fein gehackt

1 Prise Szechuanpfeffer

2 EL frisch gehackte Kräuter: Basilikum, Minze und Koriander

1 Erhitzen Sie 1 ½ Esslöffel Öl in einem Wok oder einer tiefen Pfanne und sautieren Sie die Schalotte und den Knoblauch 1–2 Minuten, bevor Sie die Pilze hinzufügen.

2 Erst die Muscheln, dann den Wein zugeben. Abgedeckt 3–5 Minuten kochen, sodass die Muscheln sich im Dampf öffnen. Vom Herd nehmen und alle Muscheln aussortieren, die sich nicht geöffnet haben.

3 Wasser in einem großen Topf zum Kochen bringen und die Nudeln gemäß Packungsaufschrift kochen (meist 3–4 Minuten).

4 In einer Pfanne das restliche Öl erhitzen. Den Tintenfisch kräftig würzen und 3–4 Minuten unter Rühren schnell anbraten. In der letzten Minute Chilischote und Szechuanpfeffer hinzufügen. Vom Feuer nehmen.

5 Jetzt den Tintenfisch sowie die gehackten Kräuter zu den Muscheln und Pilzen geben.

6 Abschmecken, die Masse unter die Nudeln heben und servieren.

Erste Wahl
Totentrompeten *(S. 46)*
Alternativen: Trompetenpfifferlinge *(S. 85)*
Nelkenschwindlinge *(S. 49)*

Gefüllte Parasolhüte

Anna Del Conte

Für dieses Rezept brauchen Sie die kleinen Hüte junger Parasolpilze, die noch so fest sind, dass sie beim Kochen nicht zerfallen. Diese schmackhaften und attraktiven Schirmpilze sollte man vor dem Verzehr gründlich garen.

Vorspeise für 4 Personen
Vorbereitung: 15 Minuten
Kochzeit: 50–60 Minuten

30 g Butter
30 g Weizenmehl
300 ml Vollmilch
geriebene Muskatnuss
Salz und frisch gemahlener schwarzer Pfeffer
3 EL geriebener Gruyère
3 EL geriebener Parmesan
60 g geräucherter Schinken in dicken Scheiben
8 EL grüne Erbsen, gekocht und abgetropft
8 Parasolhüte mit 5 cm Durchmesser

1 Heizen Sie den Ofen auf 180 °C vor. Bereiten Sie eine Béchamelsauce zu, indem Sie die Butter in einem kleinen Topf schmelzen und dann das Mehl einrühren. Eine Minute unter ständigem Rühren anschwitzen, Topf vom Herd nehmen, langsam die Milch einrühren. Wenn die gesamte Milch eingerührt ist, Topf wieder auf die Platte stellen und den Inhalt unter ständigem Rühren langsam (mindestens 5 Minuten) zum Kochen bringen.

2 Die Béchamelsauce 5 Minuten weiterkochen lassen. Mit Muskatnuss, Salz und schwarzem Pfeffer abschmecken. Den Gruyère und den Parmesan einrühren.

3 Schinken würfeln und mit den Erbsen in die Sauce geben. Beiseite stellen.

4 Die Parasolhüte mit einem Messer von ihrem Buckel befreien, sodass man sie zum Befüllen gut mit dem Stielansatz nach oben auf ein Tablett legen kann.

5 Acht quadratische Stücke Backpapier oder Alufolie (20 cm Kantenlänge) zuschneiden und leicht einbuttern. Die Hüte mit der Sauce füllen und in Papier oder Folie einschlagen. Auf einem Backblech backen.

6 Nach 30–40 Minuten aus dem Ofen holen, je zwei Pakete auf einen Teller legen. Sie werden erst bei Tisch geöffnet.

Erste Wahl
Parasole *(S. 53)*
Alternativen: Wiesenchampignons *(S. 55)*
Steinpilze *(S. 60)*

Linguine und Trompetenpfifferlinge

Andrew Sartain

Der Geschmack der Trompetenpfifferlinge passt perfekt zu dem geräucherten Knoblauch und der Weinsauce dieses schnellen Pastagerichts. Um dem Ganzen mehr Biss zu verleihen, können Sie eine gehackte rote Chilischote zugeben.

Für 4 Personen
Vorbereitung: 5 Minuten
Kochzeit: 20 Minuten

500 g Linguine
2 EL Olivenöl
75 g Butter
4 Schalotten, geschält und in Scheiben geschnitten
3 geräuchterte Knoblauchzehen
1 kleine rote Chilischote (optional)
500 g Trompetenpfifferlinge
Salz und frisch gemahlener schwarzer Pfeffer
250 ml Weißwein
1 Handvoll Petersilie und Schnittlauch, gehackt
etwas frisch geriebener Parmesan

1 Bereiten Sie die Linguine gemäß den Packungsangaben in viel kochendem Wasser zu. Schrecken Sie die Pasta anschließend mit kaltem Wasser ab und stellen Sie sie beiseite.

2 In einem Topf, der groß genug ist, um später die Nudeln aufzunehmen, das Olivenöl und die Hälfte der Butter erhitzen. Schalotten und Knoblauch anbraten, ggf. die gehackte Chilischote hinzufügen. 2 Minuten unter Rühren braten, bis die Würfelchen weich, aber noch nicht gebräunt sind.

3 Jetzt die Trompetenpfifferlinge zugeben und einige Minuten sanft braten, bis sie beginnen braun zu werden.

4 Den Weißwein hineingießen und aufkochen lassen. Nach dem Reduzieren die restliche Butter, die Pasta, gehackte Petersilie und Schnittlauchröllchen hinzufügen.

5 In großen Pastatellern mit Parmesan bestreut servieren.

Erste Wahl
Trompetenpfifferlinge *(S. 85)*
Alternative:
Totentrompeten *(S. 46)*

Spiegeleier mit Sommertrüffel

Anna Del Conte

Sommertrüffeln sind zwar nicht ganz so heiß begehrt wie ihre Cousins, die Perigordtrüffeln und die Weißen Albatrüffeln aus dem Piemont, aber dieses köstliche Rezept beweist, dass sie nicht zu unterschätzen sind.

Für 4 Personen
Vorbereitung: 5 Minuten
Kochzeit: 8–10 Minuten

25 g Butter
2 EL Olivenöl
4 große Eier
etwas Salz
1 Sommertrüffel, gesäubert
reichlich frisch geriebener Parmesan

1 Heizen Sie den Ofen auf 200 °C vor.

2 Erhitzen Sie die Butter und das Öl in einer großen, ofenfesten Bratpfanne.

3 Sobald das Fett sehr heiß ist, Pfanne vom Feuer nehmen und vorsichtig die Eier hineingeben, sodass der Dotter heil bleibt. Etwas Salz über das Eiweiß streuen.

4 Die Sommertrüffel in Scheiben schneiden und die Parmesanspäne in vier Portionen teilen. Beides über die Eier geben.

5 Im Ofen etwa 5–7 Minuten braten, bis die Eier stocken. Sofort servieren.

Erste Wahl
Sommertrüffel *(S. 43)*
Alternative: Perigordtrüffel *(S. 90)*

Semmelstoppelpilz-Sauerampfer-Omelett

Andrew Sartain

Mit seiner Pfeffernote ist der Semmelstoppelpilz dem Pfifferling ähnlich, aber viel fleischiger. Verwenden Sie junge Exemplare für dieses Omelett, bei dem die Üppigkeit des Eis und der Sauerampfer einen schönen Kontrast bilden.

Für 4 Personen
Vorbereitung: 10 Minuten
Kochzeit: 10 Minuten

25 g Butter

400 g Semmelstoppelpilze, in Scheiben geschnitten

8 große Eier

Salz und frisch gemahlener schwarzer Pfeffer

120 g Sauerampfer, in Streifen geschnitten

1 In einer Omelettpfanne die Butter schmelzen und die Pilzscheiben hineingeben. Einige Minuten sautieren, bis sie zu bräunen beginnen.

2 In einer Schale die Eier verquirlen und kräftig würzen. Die verquirlten Eier zu den Pilzen geben und währenddessen umrühren.

3 Sobald das Omelett anfängt zu stocken, die Sauerampferstreifen hinzufügen. Einige Minuten bei niedriger Temperatur weitergaren, bis das Ei fast ganz gestockt und der Ampfer zusammengefallen ist.

4 Das Omelett einmal zusammenfalten und auf eine vorgewärmte Platte gleiten lassen.

Erste Wahl
Semmelstoppelpilze *(S. 71)*
Alternativen: Pfifferlinge *(S. 45)*
Edelreizker *(S. 79)*

Gebratene Hähnchenbrust mit einem Ragout von Edelreizkern

Andrew Sartain

Der hübsche Edelreizker mit seiner safranfarbenen Milch verleiht diesem einfachen Gericht eine unterschwellige Nussnote. Der klassische Dreiklang aus Hühnchen, Sahne und Pilz wird durch einen Spritzer Zitrone aufgepeppt.

Für 4 Personen
Vorbereitung: 10–15 Min.
Kochzeit: 20–25 Minuten

2 EL Pflanzenöl

4 Bio-Hähnchenbrüste mit Haut

50 g Butter

2 Schalotten, geschält und gewürfelt

400 g Edelreizker, blanchiert und in Scheiben geschnitten

200 ml Weißwein

200 ml Hühnerbrühe

400 ml Crème double

Salz und frisch gemahlener schwarzer Pfeffer

Saft einer ½ Zitrone

1 Knoblauchzehe, zerdrückt

einige Thymianblättchen

1 Heizen Sie den Ofen auf 200 °C vor. Pflanzenöl in einer Bratpfanne erhitzen, bis es raucht. Die Hähnchenbrüste mit der Haut nach unten hineinlegen und 2–3 Minuten bräunen. Umdrehen und noch 2 Minuten braten. Vom Herd nehmen und das Fleisch in eine ofenfeste Form legen.

2 In derselben Pfanne die Hälfte der Butter schmelzen und eine der gewürfelten Schalotten 2 Minuten sautieren, ohne sie zu bräunen. Die Hälfte der Pilze zufügen und weitere 2 Minuten garen.

3 Jetzt den Wein dazugießen und auf die Hälfte reduzieren. Hühnerbrühe und Crème double zugeben und um zwei Drittel reduzieren. Würzen und nach Geschmack mit einem Spritzer Zitronensaft auffrischen.

4 Abgedeckt ca. 10–15 Minuten im Ofen garen, bis das Fleisch gar ist. Aus dem Ofen nehmen, ruhen lassen.

5 Die restliche Butter schmelzen. Übrige Schalottenwürfel, Knoblauch, Pilze und ein paar Thymianblätter hineingeben und rasch 2–3 Minuten sautieren. Hähnchenbrüste auf einem Bett aus Pilzragout und Sauce servieren.

Erste Wahl
Edelreizker *(S. 79)*
Alternativen:
Pfifferlinge *(S. 45)*
Semmelstoppelpilze *(S. 71)*

Pfifferling-Spinat-Pastete

Andrew Sartain

Pfifferlinge gehören zu den attraktivsten Pilzen überhaupt. Sobald Sie diese üppige Pastete anschneiden, verströmen sie ihren herrlichen Duft, der an Aprikosen erinnert. Spinat und Port geben der schweren Sauce Pfiff.

Für 4 Personen
Vorbereitung: 15–20 Minuten plus Abkühlzeit
Kochzeit: 35–40 Minuten

40 g Butter
200 g roher Schinkenspeck in Streifen oder Würfeln
2–3 Schalotten, geschält und fein gewürfelt
450 g Pfifferlinge
450 g frischer junger Spinat
45 ml Crème double
2 EL Portwein
Salz und frisch gemahlener schwarzer Pfeffer
450 g Blätterteig
1 Eigelb zum Bepinseln

1 Heizen Sie den Ofen auf 200 °C vor. In einer Bratpfanne langsam die Butter schmelzen. Erst den Schinkenspeck, dann die Schalotten 2–3 Minuten anbraten.

2 Jetzt die Pfifferlinge dazugeben und weitere 2 Minuten braten, bis sie etwas weich geworden sind.

3 Den Spinat hinzufügen und 2–3 Minuten umrühren, bis er zusammenfällt. Crème double einrühren, abkühlen lassen.

4 In einer kleinen Kasserolle den Port 1–2 Minuten zu einem Sirup reduzieren, die Pilze dazugeben und würzen.

5 Gut die Hälfte des Teigs ausrollen und eine runde Auflaufform mit 20 cm Durchmesser auslegen. Mit dem verquirlten Eigelb bepinseln und 10 Minuten in den Kühlschrank stellen. Danach die Füllung hineingeben.

6 Den restlichen Blätterteig ausrollen und einen Pastetendeckel daraus formen. Teigdeckel auflegen und mit etwas Wasser gut am Teigrand festkleben. Mit Eigelb bepinseln.

7 Die Pastete 35–40 Minuten im Ofen backen, bis sie goldgelb und knusprig ist. Heiß servieren und einen angemachten grünen Salat dazu reichen.

Erste Wahl
Pfifferlinge *(S. 45)*
Alternativen: Edelreizker *(S. 79)*
Totentrompeten *(S. 46)*

Knusprige Maronenröhrlingshüte

Anna Del Conte

Dieses einfache Rezept ist ideal für Maronenröhrlinge: Petersilie, Knoblauch, Anchovis und Semmelbrösel bringen das komplexe, erdige Aroma der Pilze richtig zur Geltung. Die Pilzhüte sollten groß, aber noch ganz fest sein.

Vorspeise oder Beilage für 4 Personen
Vorbereitung: 1 Stunde und 10 Minuten
Kochzeit: 20–30 Minuten

4 EL Semmelbrösel

3 EL gehackte glatte Petersilie

1 Knoblauchzehe, geschält und sehr fein gehackt

1 Anchovisfilet, sehr fein gehackt

6 EL Olivenöl

frisch gemahlener schwarzer Pfeffer

4 große Maronenröhrlingshüte

Salz zum Abschmecken

1 Heizen Sie den Ofen auf 180 °C vor. Semmelbrösel, Petersilie, Knoblauch und Anchovis in eine Schüssel geben, 3 Esslöffel Olivenöl hinzufügen und schwarzen Pfeffer darübermahlen. Etwa 1 Stunde durchziehen lassen.

2 Ein Backblech mit etwas Olivenöl bepinseln. Die Maronenröhrlingshüte mit der runden Seite nach unten nebeneinander auf das Blech legen.

3 Ein wenig Salz über die Hüte streuen und je 1 Esslöffel der Füllung hineingeben. Die Masse gleichmäßig in den Hüten verstreichen und mit Olivenöl bepinseln.

4 Die gefüllten Hüte im Ofen etwa 20–30 Minuten backen, bis sie knusprig sind. Warm servieren. Tomaten, die mit derselben Mischung gefüllt sind, eignen sich sehr gut als Ergänzung.

Erste Wahl

Maronenröhrlinge *(S. 82)*

Alternativen: Wiesenchampignons *(S. 55)*

Schafchampignons *(S. 56)*

Riesenbovist-Cremesuppe

Andrew Sartain

Der fußballförmige, oft über 4 kg schwere Riesenbovist zählt zu den bekanntesten Speisepilzen und ist ganz leicht zu bestimmen. Alte Exemplare können zäh sein. Nehmen Sie für diese cremige, delikate Suppe lieber kleinere.

Für 4 Personen
Vorbereitung: 5 Minuten
Kochzeit: 45 Minuten

75 g Butter
2 EL Olivenöl
1 große Zwiebel, geschält und gewürfelt
2 Knoblauchzehen, geschält und fein gehackt
700 g Riesenbovist, in kleine Stücke geschnitten
50 g Arborio-Reis
400 ml Weißwein
1 l heiße Gemüse-, Hühner- oder dünne Pilzbrühe
Meersalzflocken und weißer Pfeffer
1 Schuss Crème double
1 Spritzer Zitronensaft

Zum Garnieren

140 g Riesenbovist, gewürfelt
1 Handvoll Schnittlauchröllchen

1 Erwärmen Sie 60 g Butter und 1 Esslöffel Olivenöl in einer Pfanne mit dickem Boden. Zwiebel und Knoblauch hinzufügen, sacht ein paar Minuten lang anschwitzen.

2 Die Riesenboviststücke sautieren, dann die Temperatur erhöhen und einige Minuten anbraten, bis die Pilze braun werden.

3 Den Reis hinzufügen und sanft rühren, bis die Körner glasig werden. Mit Wein ablöschen und die Flüssigkeit unter ständigem Rühren auf die Hälfte reduzieren.

4 Unter langsamem Rühren die heiße Brühe angießen. Zum Kochen bringen und 15–20 Minuten leicht köcheln lassen.

5 Vom Herd nehmen und im Mixer oder mit einem Mixstab pürieren. Wenn die Suppe zu dick ist, noch mehr Brühe hinzufügen.

6 Die Suppe würzen und mit Crème double und Zitronensaft abschmecken.

7 Restliche Butter und restliches Öl erhitzen und die Bovistwürfel darin rasch anbräunen. Die Suppe mit den Pilzwürfeln und Schnittlauchröllchen garnieren.

Erste Wahl
Riesenboviste *(S. 68)*
Alternative:
Austernseitlinge *(S. 86)*

Nelkenschwindlinge und pochierte Eier auf Toast

Andrew Sartain

Der Nelkenschwindling wächst wie sein Verwandter, der Knoblauchschwindling, oft auf Grasflächen. Die zarten Pilze mit den halbrunden Hüten haben ein einzigartiges Bittermandel- oder Anisaroma, das sehr gut zu Eiern passt.

Für 4 Personen
Vorbereitung: 5 Minuten
Kochzeit: 15 Minuten

75 g Butter
1 EL Olivenöl
1 Schuss Weißweinessig
4 möglichst frische Eier
400 g Nelkenschwindlinge
einige Zweiglein Thymian
1 Spritzer Zitronensaft
4 dicke Toastbrotscheiben
Salz und frisch gemahlener schwarzer Pfeffer
1 kleine Handvoll gehackte Petersilie zum Garnieren

1 Füllen Sie einen Kochtopf mit kaltem Wasser und bringen Sie es zum Kochen.

2 In einer Bratpfanne die Butter und das Olivenöl langsam erhitzen.

3 Wenn das Wasser kocht, einen Schuss Essig hineingeben. Sobald kleine Blasen aufsteigen, diese mit einem Schneebesen oder einer Gabel verwirbeln. Jetzt die Eier aufschlagen und hineingleiten lassen. Wenn sie richtig frisch sind, werden sie eine kompakte Form annehmen. Vom Herd nehmen und 4–5 Minuten stocken lassen.

4 Während die Eier im Wasser stocken, die Pilze in der Butter und dem Olivenöl sautieren. Häufig umrühren und Thymianzweiglein und einen Spritzer Zitrone hinzufügen.

5 Zuletzt die Brotscheiben toasten und auf die Servierteller legen. Die Pilze darüber verteilen und je 1 Ei in die Mitte setzen. Mit Salz und Pfeffer abschmecken und mit gehackter Petersilie garnieren.

Erste Wahl
Nelkenschwindlinge *(S. 49)*
Alternativen:
Pfifferlinge *(S. 45)*
gemischte Wildpilze

Mönchskopfhüte mit Cannellini-Bohnen

Anna Del Conte

Der leicht zu bestimmende Mönchskopf wächst in hübschen Hexenringen, die oft große Flächen einnehmen. Er hat einen angenehmen Geschmack und passt besonders gut zu Cannellini-Bohnen.

Für 4 Personen
Vorbereitung: 5 Minuten plus ggf. Einweichzeit für getrocknete Bohnen
Kochzeit: 1 Stunde

300 g getrocknete Cannellini-Bohnen oder 2 Dosen mit je 400 g

1 kg Mönchskopfhüte, in Scheiben geschnitten

1 Zwiebel, geschält und in Scheiben geschnitten

1 Knoblauchzehe, geschält und in Scheiben geschnitten

12 frische Salbeiblätter, gehackt

1 frische Chilischote, entkernt und gehackt

100 ml natives Olivenöl extra

200 ml trockener Weißwein

250 g reife Tomaten, geschält und fein gewürfelt

1 Wenn Sie getrocknete Cannellini-Bohnen verwenden, weichen Sie sie über Nacht ein und kochen Sie sie, bis sie weich sind. Abtropfen lassen und beiseite stellen. Bohnen aus der Dose können direkt verwendet werden.

2 Die Pilze in kochendem Wasser 3 Minuten blanchieren, dann abtropfen lassen.

3 Zwiebel, Knoblauch, Salbei und Chilischote in Olivenöl sanft 5–6 Minuten sautieren.

4 Die Pilze hinzufügen, 2–3 Minuten sautieren und dann den Wein hinzugießen. Sobald ein Teil der Flüssigkeit verdampft ist, Tomaten hineingeben und umrühren.

5 Temperatur verringern und 20 Minuten garen. Cannellini-Bohnen hinzufügen und weitere ca. 10 Minuten unter gelegentlichem Umrühren köcheln. Mit knusprigem Brot servieren.

Erste Wahl
Mönchsköpfe *(S. 72)*
Alternativen: Morcheln *(S. 40)*
Maronenröhrlinge *(S. 82)*

Kartoffel-Sellerie-Steinpilz-Pastete

Anna Del Conte

Pilze passen perfekt sowohl zu Kartoffeln als auch zu Sellerie. Hier werden Steinpilze mit dem Gemüse kombiniert – das Ergebnis ist ein exzellentes Pastetenrezept, das wirklich jedem schmecken wird.

Für 4 Personen
Vorbereitung: 45 Minuten
Kochzeit: 25–30 Minuten

600 g festkochende Kartoffeln (z. B. Charlotte)
400 g Knollensellerie
120 g Butter
2 kleine Zwiebeln, geschält und in sehr dünne Scheiben geschnitten
Salz und frisch gemahlener schwarzer Pfeffer
1 Prise geriebene Muskatnuss
60 g frisch geriebener Parmesankäse
300 g Steinpilze, in Scheiben geschnitten
2 EL gehackte Petersilie
1 EL gehackter Estragon
450 g Tiefkühl-Blätterteig, aufgetaut
1 Eigelb und 1 EL Milch, verquirlt, zum Bepinseln

1 Heizen Sie den Ofen auf 200 °C vor. Kartoffeln und Sellerie schälen und in ganz dünne Scheiben schneiden. Die Hälfte der Butter in einer Bratpfanne schmelzen und die Zwiebel darin 10 Minuten anschwitzen.

2 Kartoffel- und Selleriescheiben dazugeben und 15 Minuten unter gelegentlichem Wenden braten, bis sie gar sind. Mit Salz, Pfeffer und Muskat abschmecken, Parmesan darüberstreuen.

3 In einer zweiten Pfanne die restliche Butter schmelzen und die Steinpilze 5 Minuten sautieren. Die Kräuter hinzufügen und abschmecken. Die Pilze unter die Kartoffeln und den Sellerie mischen und beiseite stellen.

4 Den Blätterteig in zwei größere und zwei kleinere Portionen teilen. Die kleineren Stücke ausrollen, kreisförmig zuschneiden und auf ein eingefettetes Backblech legen. Das Gemüse auf den beiden Böden verteilen; dabei außen einen 2 cm breiten Rand freilassen. Den Rand mit der Ei-Milch-Mischung bepinseln.

5 Die größeren Teigstücke ausrollen, rund zuschneiden und über die Füllung legen. Die Ränder festdrücken. Deckel ebenfalls bepinseln, Dampflöcher hineinstechen.

6 Im Ofen 15 Minuten bei 200 °C, dann 10–15 Minuten bei 150 °C backen. Heiß servieren, grünen Salat dazu reichen.

Erste Wahl
Steinpilze *(S. 60)*
Alternativen: Wiesenchampignons *(S. 55)*
gemischte Wildpilze

Warmer Salat von Austernseitlingen

Anna Del Conte

Austernseitlinge haben eine ansprechende Konsistenz, aber keinen sehr ausgeprägten Geschmack. Mit Weißweinessig, Zitrone, Chilischote und Anchovis zubereitet wie in diesem Rezept, gewinnen die hübschen Pilze an Charakter.

Für 4 Personen
Vorbereitung: 10 Minuten
Kochzeit: 25 Minuten

100 ml Weißweinessig

2 Lorbeerblätter

1 Prise Salz

800 g entstielte Austernseitlinge, in Scheiben geschnitten

6 EL natives Olivenöl extra

1 unbehandelte Zitrone, abgeriebene Schale und Saft

1 oder 2 getrocknete Chilischoten, entkernt und gehackt

3 EL glatte Petersilie, gehackt

3 Knoblauchzehen, geschält und gehackt

4 Anchovisfilets, gehackt

1 Geben Sie 3 Esslöffel Wasser in einen kleinen Topf und fügen Sie den Essig, die Lorbeerblätter und das Salz hinzu.

2 Sobald das Wasser kocht, die Austernseitlinge hineingleiten lassen und 8 Minuten garen, dann abtropfen lassen. (Die Flüssigkeitsmenge mag anfangs zu gering erscheinen, aber die Pilze fallen schnell zusammen.)

3 Öl, abgeriebene Zitronenschale, Chilischote, Petersilie, Knoblauch und Anchovisfilets in eine Bratpfanne geben.

4 Sobald die Zutaten im Öl brutzeln, die Pilze untermischen und 5–6 Minuten unter ständigem Rühren sautieren.

5 Jetzt den Zitronensaft hineinträufeln. Vom Herd nehmen, abschmecken und warm – aber nicht heiß – servieren.

Erste Wahl
Austernseitlinge *(S. 86)*
Alternativen:
Trompetenpfifferlinge *(S. 85)*
Totentrompeten *(S. 46)*

Steinbutt mit Trüffelsauce

Andrew Sartain

Die Trüffel, die nur zu bestimmten Jahreszeiten verfügbar ist, gilt den Gastronomen wegen ihres unvergleichlichen Geschmacks als große Delikatesse. Sie ist eine würdige Gefährtin für ebenso delikate Edelfische wie den Steinbutt.

Für 4 Personen
Vorbereitung: 10 Minuten plus Ruhezeit
Kochzeit: 25–30 Minuten

100 g geklärte Butter
2 EL Erdnussöl
4 Steinbuttstücke zu je 150–200 g, mit Haut
Salz und frisch gemahlener schwarzer Pfeffer
2 Schalotten, geschält und gewürfelt
200 ml Weißwein
400 ml Crème double
2 Sommertrüffeln, gesäubert und gewürfelt
8 Wirsingkohlblätter
Trüffelspäne zum Dekorieren

1 Heizen Sie den Ofen auf 200 °C vor. Erwärmen Sie die Hälfte der Butter und das Öl in einer großen Bratpfanne.

2 Den Steinbutt salzen und pfeffern und, sobald das Fett richtig heiß ist, mit der Haut nach unten in die Pfanne legen. 5 Minuten anbraten, dann wenden. Auch alle Schnittkanten anbraten, bis der Fisch gleichmäßig gefärbt ist.

3 Den Fisch in eine ofenfeste Form legen. Im Ofen je nach Dicke 15–20 Minuten garen. Aus dem Ofen nehmen und 10 Minuten ruhen lassen.

4 Unterdessen in einer kleinen Pfanne die restliche Butter erhitzen. Schalotten darin anschwitzen, bis sie glasig werden; mit Weißwein ablöschen. Flüssigkeit auf ein paar Esslöffel voll reduzieren, dann Crème double und Trüffelwürfel hinzufügen. Zum Köcheln bringen, mit Salz und Pfeffer abschmecken. 3–5 Minuten köcheln und dabei noch etwas weiter reduzieren.

5 Wirsingkohlblätter in kochendem Wasser 3–4 Minuten blanchieren, dann je zwei als Unterlage für den Fisch auf einen Teller legen. Den Fisch darauflegen und mit Trüffelsauce überziehen. Mit Trüffelspänen garnieren und servieren.

Erste Wahl
Sommertrüffeln *(S. 43)*
Alternative:
Perigordtrüffeln *(S. 90)*

Semmelstoppelpilze in Filoteig

Anna Del Conte

Der krosse Filoteig umhüllt eine aromatische Füllung aus pfeffrigen Semmelstoppelpilzen und saftigen Tomaten. Getrocknete Chilischoten verleihen diesen appetitanregenden Päckchen Biss: eine ungewöhnliche Vorspeise.

Vorspeise für 4 Personen
Vorbereitung: 20 Minuten
Kochzeit: 20 Minuten

6 EL natives Olivenöl extra
2 EL glatte Petersilie, gehackt
1 getrocknete Chilischote, gehackt
2 Knoblauchzehen, geschält und fein gehackt
4 Anchovisfilets, gehackt (optional)
2 TL Tomatenmark
3 EL passierte Tomaten
500 g Semmelstoppelpilze, gehackt
Salz
200–300 g Filoteig
Petersilie zum Garnieren

1 Heizen Sie den Ofen auf 190 °C vor. Erhitzen Sie die Hälfte des Olivenöls mit der Petersilie, der Chilischote und dem Knoblauch auf mittlerer Temperatur 2 Minuten lang in einem Topf.

2 Temperatur verringern und – falls gewünscht – Anchovis hinzufügen. Die Masse am Topfboden zerdrücken, dann das Tomatenmark und die passierten Tomaten einrühren und 1 Minute kochen. Die Semmelstoppelpilze hinzufügen und mit Salz abschmecken. 10 Minuten köcheln. Erneut abschmecken und abkühlen lassen.

3 Den Filoteig in 16 Rechtecke von etwa 10 × 15 cm schneiden. Ein Rechteck auf ein Brettchen legen und einölen. Nach und nach drei weitere Rechtecke darauflegen und jeweils mit Öl bepinseln. Dreimal wiederholen, sodass Sie 4 Teigstapel erhalten.

4 Die Pilzmischung in vier Portionen teilen und auf der obersten Schicht der Filoteigstapel verstreichen. Den Teig wie eine Biskuitrolle aufrollen und die Enden festdrücken. Die Oberseite jedes Pakets mit Olivenöl bepinseln. 20 Minuten im Ofen backen. Heiß servieren, mit einem Petersilienzweig garniert. Als Beilage eignet sich in Brühe geschmorter Fenchel.

Erste Wahl
Semmelstoppelpilze *(S. 71)*
Alternativen: Edelreizker *(S. 79)*
Trompetenpfifferlinge *(S. 85)*

Panierte Pilzhüte

Anna Del Conte

In Italien nennt man diese Zubereitungsweise – mit Ei und Semmelbröseln überziehen und dann anbraten – »a cotoletta«. So kann man die großen Hüte von Steinpilzen oder Parasolen ebenso zubereiten wie Bovistscheiben.

Für 4 Personen
Vorbereitung: 15–20 Minuten plus 1 Stunde Kühlzeit
Kochzeit: 8–12 Minuten

400 g große Pilzhüte
1 TL Salz
2 mittelgroße Eier, leicht verquirlt
150 g grobe Semmelbrösel
50 g Butter
Olivenöl
Zitronenschnitze zum Servieren

1 Wenn die Hüte dick sind, schneiden Sie sie vorsichtig waagerecht in 2 Scheiben. In einem tiefen Teller 1 Teelöffel Salz unter die Eier quirlen, dann die Hutscheiben nacheinander eintauchen und komplett überziehen. Überschüssige Eimasse in den Teller zurücktropfen lassen.

2 Hüte in Semmelbröseln wälzen, sanft andrücken, damit die Panade sich gleichmäßig verteilt. Wenn die Zeit reicht, auf einem Teller ausgebreitet mindestens 1 Stunde im Kühlschrank ruhen lassen.

3 Butter und so viel Öl in eine Bratpfanne geben, dass das Öl 1 cm hoch steht. Langsam auf sehr hohe Temperatur bringen.

4 Temperatur prüfen, indem Sie einen Brotkrümel ins Öl fallen lassen: Er muss zischen und rasch bräunen. Wenn nicht, nach 1 Minute erneut testen.

5 So viele Pilzscheiben ins Öl legen, wie nebeneinander in die Pfanne passen. Wenn sie nach etwa 2–3 Minuten unten goldbraun sind, wenden und die andere Seite bräunen. Auf Küchenpapier abtropfen lassen.

6 Warm halten, bis alle Portionen gebraten sind. Sofort servieren, dazu Zitronenschnitze reichen.

Erste Wahl
Steinpilze *(S. 60)*
Alternativen: Parasole *(S. 53)*
Riesenboviste *(S. 68)*

Pilz-Bruschetta

Anna Del Conte

In Italien verarbeiten Köche alle möglichen essbaren Röhrlinge, zum Teil auch Mischungen, zu Bruschetta. Wenn Sie vom Vortag Polenta übrig haben, rösten Sie statt des Brotes Polentascheiben – das schmeckt sogar noch besser.

Für 4 Personen
Vorbereitung: 10 Minuten
Kochzeit: 20 Minuten

2 Knoblauchzehen, geschält und halbiert

5 EL natives Olivenöl extra

300 g Steinpilze, grob gehackt

Salz und frisch gemahlener schwarzer Pfeffer

12 schwarze Oliven ohne Stein, in Scheiben geschnitten

1 Ciabatta

1 Eine Knoblauchzehe in 4 Esslöffel Öl 1 Minute sautieren und dann die Steinpilze zugeben. Bei großer Hitze etwa 5 Minuten anbraten, dabei häufig wenden.

2 Mit Salz und Pfeffer abschmecken und bei reduzierter Hitze etwa 15 Minuten garen, bis die Pilze weich sind.

3 Die Oliven einrühren und erneut abschmecken.

4 Während die Pilze garen, das Ciabatta in Scheiben schneiden. Jede Scheibe auf einer Seite mit einer Messerspitze anritzen, dann beide Seiten im Grill oder Toaster anrösten.

5 Die angeritzten Brotseiten mit der zweiten Knoblauchzehe einreiben und mit dem letzten Esslöffel Olivenöl bepinseln.

6 Die Pilzmischung auf die Scheiben geben und sofort servieren.

Erste Wahl
Steinpilze *(S. 60)*
Alternative:
andere essbare Röhrlinge

Spaghetti mit Perigordtrüffel

Anna Del Conte

Dieses Rezept stammt aus Umbrien in Mittelitalien, wo es schwarze Trüffeln gibt, die der Perigordtrüffel ähneln. In diesem herzhaften Pastagericht unterstützen Knoblauch und Chilischoten den einzigartigen Trüffelgeschmack.

Für 4 Personen
Vorbereitung: 10 Minuten
Kochzeit: 15 Minuten

60 g schwarze Trüffel (z. B. Perigordtrüffel), sanft sauber gerieben

340 g Spaghetti

Salz

4 EL natives Olivenöl extra

3 Knoblauchzehen, geschält und leicht zerquetscht

1 getrocknete Chilischote

2 EL glatte Petersilie, gehackt

1 Zerteilen Sie die Trüffel mit einer Reibe oder einem Trüffelhobel in dünne Späne.

2 Pasta gemäß Packungsangaben in reichlich Salzwasser kochen.

3 Währenddessen Olivenöl, Knoblauch, Chili und Petersilie in eine große, schwere Pfanne geben, langsam erhitzen und häufig umrühren, bis der Knoblauch beginnt Farbe anzunehmen. Knoblauch und Chilischote herausfischen und wegwerfen.

4 Die Temperatur reduzieren und die Trüffelspäne in die Pfanne geben. Sacht 1 Minute unter ständigem Rühren erwärmen. Die Trüffelspäne sollten nicht braten, sondern nur heiß werden.

5 Sobald die Spaghetti *al dente* sind, abgießen und in die Pfanne geben. Bei niedriger Temperatur etwa 1 Minute vermischen, bis die Spaghetti ganz mit dem Öl bedeckt sind. Sofort auftragen. Direkt aus der Pfanne servieren.

Erste Wahl

Perigordtrüffel *(S. 90)*

Pasta mit Garnelen, Kamm-muscheln und Totentrompeten

Anna Del Conte

Um diese raffinierte Meeresfrüchte-Pastasauce zuzubereiten, sollten Sie die Pilze mindestens 20 Minuten garen, bis nur noch wenig Flüssigkeit übrig ist. So werden auch zähe Pilze weich und ihr Geschmack entfaltet sich richtig.

Für 4 Personen
Vorbereitung: 15 Minuten
Kochzeit: 30 Minuten

225 g Totentrompeten
60 g Butter
2 EL natives Olivenöl extra
3 EL gehackte Petersilie
2 Knoblauchzehen, angequetscht
Salz und frisch gemahlener schwarzer Pfeffer
6 EL trockener Weißwein
120 ml Gemüsebrühe
350 g Penne
4 Kammmuscheln mit Rogen
250 g ausgepulte Garnelen

1 Zerschneiden Sie größere Totentrompeten in zwei Hälften. Butter, Olivenöl, die Hälfte der Petersilie und den Knoblauch in einer großen Bratpfanne erhitzen. Sobald sich der Knoblauchduft entfaltet hat, die Zehen herausnehmen und wegwerfen.

2 Die Totentrompeten hinzugeben und sanft 5 Minuten sautieren. Mit Salz und schwarzem Pfeffer würzen und einige Esslöffel Weißwein angießen. Nach und nach im Laufe von etwa 20 Minuten den restlichen Wein und danach die Brühe hinzufügen und sanft köcheln lassen. Pfanne vom Herd nehmen.

3 Pasta in einem großen Topf mit sprudelndem Salzwasser *al dente* kochen. Die Kammmuscheln waschen und trockentupfen. Die Rogensäcke abtrennen, das weiße Muskelfleisch vierteln.

4 Sobald die Pasta fertig ist, abgießen und zu den Pilzen in die Pfanne geben. Muskelfleisch und Rogen der Muscheln sowie die Garnelen hinzufügen und unter ständigem Rühren etwa 2 Minuten erhitzen, bis das Muschelfleisch völlig gar ist.

5 Mit der restlichen Petersilie bestreuen. Sofort auftragen. Direkt aus der Pfanne servieren.

Erste Wahl
Totentrompeten *(S. 46)*
Alternative: Pfifferlinge *(S. 45)*

Gebratene Wildente mit Pfifferlingen

Andrew Sartain

Der hübsche Pfifferling gehört zu den begehrtesten wilden Speisepilzen, und sein pfeffriger Geschmack ist eine vollkommene Ergänzung zum intensiven Duft und Gehalt gebratener Wildenten.

Für 4 Personen
Vorbereitung: 10–15 Min.
Kochzeit: 45 Minuten

2 Wildenten

Für die Füllung

Salz und frisch gemahlener schwarzer Pfeffer

einige Thymianzweiglein

50 g Butter

1 kleine unbehandelte Orange, geviertelt

Für die Sauce

50 g Butter

1 große Schalotte, geschält und fein gewürfelt

Saft von 1 Orange

200 ml Portwein

200 ml Rotwein

500 ml Hühnerbrühe oder Entenfond

Bratensaft der Enten

1 geräucherte Knoblauchzehe

200 g Pfifferlinge

1 EL Petersilie, gehackt

1 Heizen Sie den Ofen auf 200 °C vor.

2 Die Enten innen und außen mit Salz und Pfeffer einreiben. Mit Thymian, Butter und Orangenvierteln füllen, im Ofen ca. 45 Minuten braten.

3 Enten aus dem Ofen nehmen, abdecken und beiseite stellen. Den Bratensaft aufheben.

4 In einem kleinen Topf 25 g Butter schmelzen. Die Schalottenwürfelchen 2–3 Minuten anbraten, bis sie leicht gebräunt sind. Dann Orangensaft, Port, Rotwein, Brühe und Bratensaft hinzugeben. Kräftig kochen lassen, bis die Flüssigkeit um zwei Drittel reduziert ist.

5 Sobald die Sauce eingedickt ist, abschmecken.

6 Für den richtigen Glanz eine Flocke Butter einrühren. Sauce warm halten, während Sie die Pfifferlinge sautieren.

7 Restliche Butter in einer Pfanne schmelzen, Knoblauchzehe hineingeben. Die Pfifferlinge 2–3 Minuten sautieren. Abschmecken, Knoblauch herausnehmen, gehackte Petersilie hinzufügen. Halbierte Enten auf den Tellern mit Pilzen und Sauce übergießen.

Erste Wahl
Pfifferlinge *(S. 45)*
Alternative:
Trompetenpfifferlinge *(S. 85)*

Morcheln mit gelben Paprika

Anna Del Conte

Dank ihres exzellenten Aromas eignen sich Morcheln ideal für viele Rezepte. In diesem farbenfrohen Gericht werden sie mit gelben Paprika kombiniert, deren frischer Geschmack das intensive Pilzaroma abrundet.

Für 4 Personen
Vorbereitung: 15 Minuten
Kochzeit: 20 Minuten

80 g Prosciutto, in dünne Streifen geschnitten

2 Schalotten, geschält und sehr fein gehackt

6 EL natives Olivenöl extra

600 g Morcheln, senkrecht in Scheiben geschnitten

Salz und frisch gemahlener schwarzer Pfeffer

1 Prise geriebene Muskatnuss

240 ml trockener Weißwein

1 gelbe Gemüsepaprika, in dünne Streifen geschnitten

2 EL glatte Petersilie, gehackt

1 Den Schinken und die Schalotten in einen Topf geben und im Öl etwa 5 Minuten anschwitzen, bis die Schalotten weich geworden sind.

2 Die Morcheln untermischen und mit Salz, Pfeffer und Muskat abschmecken. 5 Minuten sautieren, dann den Weißwein angießen. Weitere 5 Minuten sacht köcheln lassen.

3 Die Paprikastreifen dazugeben und noch einmal etwa 5 Minuten sacht schmoren, bis die Paprika gerade weich wird, aber noch Biss hat.

4 Erneut abschmecken und die Petersilie darüberstreuen. Sofort servieren.

Erste Wahl
Morcheln *(S. 40)*
Alternativen:
Halbfreie Morcheln *(S. 41)*
Austernseitlinge *(S. 86)*

Frittierte Bovistscheiben

Anna Del Conte

In Italien wird der Riesenbovist genauso zubereitet wie Kalbsschnitzel – und er hat tatsächlich eine ganz ähnliche, fleischartige Textur. Für dieses schnelle, einfache Rezept sollten Sie nur junge, feste Exemplare verwenden.

Vorspeise für 4 Personen
Vorbereitung: 15 Minuten
Kochzeit: 9–12 Minuten

400 g Riesenbovist

50 g Weizenmehl

Salz und frisch gemahlener schwarzer Pfeffer

Pflanzenöl zum Frittieren

2 große Eier, leicht aufgeschlagen

1 Zitrone zum Servieren

1 Schneiden Sie den Bovist in dicke Scheiben. Große Scheiben sollten in 3 oder 4 Teile zerschnitten werden.

2 Das Mehl mit Salz und Pfeffer würzen. In einen Plastikbeutel füllen, die Pilzscheiben hinzufügen, gut schütteln.

3 Den Beutel auf eine Arbeitsfläche entleeren und überschüssiges Mehl von den Pilzen abschütteln.

4 Eine große, hohe Bratpfanne 4 cm hoch mit Öl füllen, erhitzen. Sobald es sehr heiß ist, die Pilzstücke in verquirltem Ei wenden und portionsweise so in die Pfanne legen, dass sie sich nicht überlappen.

5 Etwa 3–4 Minuten frittieren, nach der Hälfte der Zeit wenden. Boviststücke mit einem Schaumlöffel aus dem Fett heben und auf Küchenpapier abtropfen lassen.

6 Wenn alle Stücke frittiert sind, etwas Salz darüberstreuen und sofort mit Zitronenschnitzen servieren.

Erste Wahl
Riesenboviste *(S. 68)*
Alternativen: Schwefelporlinge *(S. 44)*
Steinpilze *(S. 60)*

Pfifferling-Mascarpone-Sauce

Anna Del Conte

Der Räuchergeschmack des Rückenspecks verbindet sich in diesem Rezept mit dem Aroma der Pfifferlinge, und der Frischkäse macht die reichhaltige Sauce süß und cremig. Frische Tagliatelle passen besonders gut dazu.

Für 4 Personen
Vorbereitung: 5–10 Min.
Kochzeit: 15 Minuten

30 g Butter

4 Scheiben geräucherter Rückenspeck ohne Schwarte, in Streifen geschnitten

4 EL Salbei, gehackt

2 Knoblauchzehen, geschält und fein gehackt

200 g Pfifferlinge, grob zerteilt

Salz und frisch gemahlener schwarzer Pfeffer

8 gestrichene EL Mascarpone

1 Schmelzen Sie die Butter in einer kleinen Bratpfanne und braten Sie den Speck darin, bis er anfängt knusprig zu werden.

2 Den gehackten Salbei und Knoblauch hinzufügen und sacht 2 Minuten anbraten.

3 Jetzt die Pfifferlinge zugeben, salzen und unter häufigem Rühren 10 Minuten sautieren.

4 Den Mascarpone und etwas schwarzen Pfeffer zugeben und etwa 1 Minute erwärmen, bis der Frischkäse geschmolzen ist.

5 Abschmecken und sofort servieren.

Erste Wahl
Pfifferlinge *(S. 45)*
Alternativen: Steinpilze *(S. 60)*
Edelreizker *(S. 79)*

Warmer Wintersalat von Violetten Rötelritterlingen

Andrew Sartain

Dieser gesunde, knackige Wintersalat mit gebratenem Knoblauch und Kreuzkümmel ist ideal für kalte Tage. Das Erdaroma der Rötelritterlinge harmoniert hervorragend mit dem cremigen Geschmack der Perlgraupen.

Für 4 Personen
Vorbereitung: 5 Minuten
Kochzeit: 45–60 Minuten

200 g Perlgraupen
500 g Violette Rötelritterlinge
2 zerdrückte Zehen aus einer gebratenen Knoblauchknolle
geräuchertes Meersalz
frisch gemahlener schwarzer Pfeffer
1 EL natives Olivenöl extra
2 TL Kreuzkümmelsamen, geröstet und zerstoßen
4 Wirsingkohlblätter, in schmale Streifen geschnitten und blanchiert
4 EL geröstete Sonnenblumenkerne
1 Handvoll Petersilie und Thymian, gehackt
2 EL Tamarisauce

Für das Dressing

2 EL Rotweinessig
4 EL natives Olivenöl extra
1 Zweiglein Thymian

1 Perlgraupen mit kaltem Wasser bedecken und zum Kochen bringen. Abgießen und waschen. Erneut mit kaltem Wasser bedecken und sacht 45–60 Minuten köcheln lassen, bis die Konsistenz nussartig ist.

2 Den Ofen auf 180 °C vorheizen. Die Pilze und die Hälfte des zerdrückten Knoblauchs in einen großen Bräter geben, mit Salz und Pfeffer würzen. 1 Esslöffel Olivenöl darüberträufeln und 15 Minuten im Ofen braten. Danach beiseite stellen.

3 Für das Dressing den Rotweinessig, das Olivenöl, die frischen Thymianblättchen und den Rest des gebratenen, zerdrückten Knoblauchs vermischen.

4 In einer großen Schüssel die gekochten Perlgraupen, Kreuzkümmel, Kohl, Sonnenblumenkerne, Petersilie, Thymian und gebratene Pilze vermischen. Das Dressing darübergießen und vorsichtig unterheben. Mit Tamarisauce beträufeln und sofort servieren.

Erste Wahl
Violette Rötelritterlinge *(S. 74)*
Alternativen:
Trompetenpfifferlinge *(S. 85)*
gemischte Wildpilze

Hallimaschtarte

Anna Del Conte

Der Hallimasch wird wegen seiner süßlichen Note, die ihn für dieses Rezept so geeignet macht, auch Honigpilz genannt. Sie können aber auch Frauentäublinge verwenden, die ein sehr angenehmes, intensives Aroma haben.

Für 4 Personen
Vorbereitung: 20 Minuten plus 30 Minuten Kühlzeit
Kochzeit: 1 Stunde 25 Min.

Für den Teig

125 g italienisches Mehl (»Tipo 00«)

60 g Butter

¼ TL Salz

1 großer Eidotter

Für die Füllung

60 g Butter

3 EL Olivenöl

4 Schalotten, geschält und gehackt

Salz und frisch gemahlener schwarzer Pfeffer

400 g Hallimasch, grob gehackt

1 TL konzentriertes Tomatenmark

1 TL Gemüsebrühe-Granulat

geriebene Muskatnuss

1 großes Ei, verquirlt

1 Heizen Sie den Ofen auf 190 °C vor. Verkneten Sie die Zutaten für den Teig und fügen Sie am Ende etwa 2 Esslöffel kaltes Wasser hinzu. Formen Sie den Teig zu einem Ball.

2 Auf einer leicht eingemehlten Arbeitsfläche den Teig zu einer Scheibe ausrollen und damit eine Tortenbodenform von 20 cm Durchmesser auslegen. Form im Kühlschrank mindestens 30 Minuten kühlen.

3 Zum Blindbacken den Teig mit Backpapier belegen und Trockenerbsen darauffüllen. 15 Minuten backen, Erbsen herausnehmen. Boden weitere 8 Minuten backen. Aus dem Ofen nehmen, Ofentemperatur auf 180 °C reduzieren.

4 Butter und Öl in einer Bratpfanne erhitzen und die Schalotten 5 Minuten sautieren, bis sie weich sind. Salzen, dann die Pilze hinzufügen und unter häufigem Rühren 5 Minuten bei großer Hitze braten. Temperatur reduzieren und das Tomatenmark dazugeben.

5 Nach 2–3 Minuten das Brühegranulat und ein paar Esslöffel Wasser einrühren. Etwa 30 Minuten kochen, bis die Pilze weich sind, und bei Bedarf weiteres Wasser zufügen.

6 Mit Muskat, Salz und Pfeffer abschmecken. Vom Herd nehmen und das Ei einrühren, die Masse auf den Tortenboden füllen. Torte etwa 20 Minuten backen, bis die Füllung fest ist. Vor dem Servieren etwas abkühlen lassen.

Erste Wahl
Hallimasch *(S. 73)*
Alternativen: Frauentäublinge *(S. 59)*
Mönchsköpfe *(S. 72)*

Röhrlinge mit Aceto balsamico

Anna Del Conte

Die meisten essbaren Röhrlinge sind leicht zu bestimmen und im Herbst recht häufig, aber abgesehen vom Steinpilz haben sie oft keinen sehr ausgeprägten Eigengeschmack. Aceto balsamico verstärkt ihr Aroma.

Für 4 Personen
Vorbereitung: 5 Minuten
Kochzeit: 25 Minuten

75 ml natives Olivenöl extra

500 g Röhrlinge in Scheiben

2–3 Knoblauchzehen, geschält und gehackt

Salz

1 Prise Chilipulver

3 EL Aceto balsamico

1 Erhitzen Sie das Olivenöl in einer großen Bratpfanne.

2 Geben Sie die Pilzscheiben und den Knoblauch in das heiße Öl. Bei großer Hitze 5 Minuten anbraten, dann mit Salz und Chili würzen und die Temperatur reduzieren.

3 Weitere 20 Minuten garen. Dabei häufig umrühren und bei Bedarf ab und zu ein wenig Wasser zugeben, damit die Pilze nicht trocken werden.

4 Sobald die Röhrlinge weich sind und noch ein wenig Flüssigkeit übrig ist, in eine Servierschüssel umfüllen und den Aceto balsamico darübergeben. Unterheben und sofort servieren.

Erste Wahl
Steinpilze *(S. 60)*
Alternative: jeder andere essbare Röhrling

Rührei mit Pfifferlingen

Anna Del Conte

Der zarte Geschmack der Pilze harmoniert in diesem köstlichen Gericht, das sich als Brunch oder Abendessen eignet, perfekt mit der Üppigkeit der Eier. Dank der Crème double und des Parmesans passt es sehr gut zu Spinat.

Für 4 Personen
Vorbereitung: 10 Minuten
Kochzeit: 10 Minuten

80 g Butter

2 EL Olivenöl

1 Knoblauchzehe, geschält und in 2–3 Stücke geschnitten

350 g Trompetenpfifferlinge

8 Eier

Salz und frisch gemahlener schwarzer Pfeffer

4 EL Crème double

4 EL geriebener Parmesan

4–8 Scheiben Toastbrot

1 Erhitzen Sie die Hälfte der Butter mit dem Öl und dem Knoblauch in einem Topf oder einer Pfanne. Die Trompetenpfifferlinge hinzufügen und unter häufigem Umrühren 3 Minuten sautieren. Den Knoblauch herausfischen und wegwerfen.

2 Die restliche Butter in einer Pfanne schmelzen. Eier verquirlen, salzen und in die Butter geben. Die Eier bei niedriger Temperatur unter häufigem Wenden 2 Minuten stocken lassen.

3 Die Crème double und die Pilze hinzufügen und noch 1–2 Minuten sanft braten.

4 Den geriebenen Parmesan und reichlich Pfeffer darüberstreuen.

5 Eier und Pilze auf warme Toastscheiben häufen und sofort servieren.

Erste Wahl
Trompetenpfifferlinge *(S. 85)*
Alternative:
gemischte Wildpilze

Pilz-Kürbis-Risotto

Andrew Sartain

Die fleischige Konsistenz der Pilze bildet in diesem Gericht einen spannenden Kontrast zum weichen Fleisch des Moschuskürbis. Wenn Sie mehrere Pilzarten mischen, achten Sie darauf, dass alle ganz durchgegart werden.

Für 4 Personen
Vorbereitung: 10 Minuten
Kochzeit: 40 Minuten

100 g Butter
1 EL Olivenöl
2 Zwiebeln, geschält und gewürfelt
4 Knoblauchzehen, geschält
250 g Moschuskürbis, gewürfelt
250 g Risotto-Reis (z. B. Arborio)
800–1000 ml heiße Pilzbrühe
400 g gemischte Wildpilze
Salz und frisch gemahlener schwarzer Pfeffer

1 Erhitzen Sie in einem großen Topf 25 g Butter und 1 Esslöffel Olivenöl auf mittlerer Temperatur. Sautieren Sie Zwiebeln und Knoblauch ein paar Minuten, ohne sie zu bräunen.

2 Temperatur erhöhen und Kürbiswürfel hinzufügen. Einige Minuten anbraten, bis sie beginnen braun zu werden.

3 Den Reis dazugeben und sanft rühren, bis er mit dem Fett überzogen ist und die Körner leicht glasig werden.

4 Jetzt eine Kelle heiße Brühe zugeben und ständig rühren, bis die Flüssigkeit fast ganz aufgesaugt ist.

5 Auf diese Weise über etwa 20 Minuten immer wieder etwas Brühe zugeben, bis der Reis gar ist.

6 In einer Pfanne 25 g Butter schmelzen und die Pilze portionsweise sautieren. Pilze aus der Pfanne nehmen. Bodensatz mit etwas Wasser anlösen und zum Risotto geben.

7 Die restlichen 50 g Butter im fertigen Risotto schmelzen. Abschmecken und in Servierteller füllen, am Schluss die Pilze darübergeben.

Erste Wahl
gemischte Wildpilze
Alternativen:
Trompetenpfifferlinge *(S. 85)*
Hallimasch *(S. 73)*

Wildpilz-Porree-Auflauf

Anna Del Conte

Dieses bäuerlich anmutende Rezept eignet sich hervorragend für gemischte Pilze, aber auch für Wiesen-, Schaf- oder Dünnfleischige Anischampignons, deren zartes Aroma mit dem Porree harmoniert. Der Käse gibt dem Gericht eine herrlich würzige Note.

Für 4 Personen
Vorbereitung: 30 Minuten
Kochzeit: 40 Minuten

2 Schalotten, geschält und gewürfelt

75 g Butter

3 EL Olivenöl

2 mittelgroße Porreestangen, in 1 cm große Stücke geschnitten

150 ml trockener Weißwein

Salz und frisch gemahlener schwarzer Pfeffer

1 EL Estragon, gehackt

400 g gemischte Wildpilze, in dicke Scheiben geschnitten

eine ½ Zitrone

3 Eier und 1 Dotter

2 EL Crème fraîche

150 ml Vollmilch

150 g reifer Cheddar, gerieben

1 EL Butter für die Kruste

1 Heizen Sie den Ofen auf 180 °C vor. Die Schalotten in 25 g Butter und 1 Esslöffel Öl sautieren, bis sie weich und glasig sind.

2 Porreestücke gründlich waschen, abtropfen lassen und in die Pfanne geben. 5 Minuten bei großer Hitze anbraten, dann den Wein angießen und zum Kochen bringen. Weitere 10 Minuten köcheln, bis der Porree weich ist.

3 Mit Salz und Pfeffer abschmecken und den Estragon hinzufügen.

4 In einer zweiten Pfanne die restliche Butter und das restliche Öl erhitzen, die Pilze darin sautieren. Einen großen Spritzer Zitronensaft zugeben und unter häufigem Wenden 10 Minuten garen.

5 In einer Schüssel die Eier und den Extradotter leicht würzen und verquirlen. Crème fraîche, Milch und den Großteil des Käses zufügen. Porree und Pilze einrühren.

6 Eine mindestens 5 cm hohe ofenfeste Form buttern. Die Porree-Pilz-Mischung hineingeben, mit dem restlichen Käse bestreuen und Butterflocken darauf verteilen.

7 Im Ofen etwa 40 Minuten backen, bis sich eine goldbraune Kruste gebildet hat.

Erste Wahl
gemischte Wildpilze
Alternativen: Wiesenchampignons *(S. 55)*
Schafchampignons *(S. 56)*

Schweinelende mit gemischten Wildpilzen

Anna Del Conte

Schweinefleisch passt wunderbar zu gemischten Pilzen, und der Marsala verleiht diesem einfachen Gericht zusätzlichen Esprit. Sie können auch Schopftintlinge verwenden, sofern Sie wirklich frische, junge Exemplare finden.

Für 4 Personen
Vorbereitung: 10 Minuten
Kochzeit: 30 Minuten

100 ml Olivenöl

2 Knoblauchzehen, geschält und gehackt

300 g gemischte Wildpilze

Salz und frisch gemahlener schwarzer Pfeffer

3 EL glatte Petersilie, gehackt

600 g Schweinelende

Weizenmehl zum Bestäuben

50 g Butter

150 ml Marsala

1 Heizen Sie den Ofen auf 180 °C vor.

2 Erhitzen Sie 4 Esslöffel Olivenöl. Knoblauch und Pilze darin bei mittlerer Hitze 5 Minuten sautieren. Mit Salz und Pfeffer abschmecken und weiterbraten, bis die Pilze weich sind. Dann Petersilie hinzufügen.

3 Während die Pilze braten, das Fleisch in dünne Scheiben schneiden und diese noch etwas dünner klopfen.

4 Fleischscheiben mit Salz und Pfeffer würzen und in etwas Mehl wälzen.

5 Die Butter und das restliche Öl in einer großen Bratpfanne erhitzen. Fleischscheiben so ins heiße Fett gleiten lassen, dass sie sich nicht überlappen. 2 Minuten scharf anbraten.

6 Die Scheiben wenden und noch 1 Minute braten. Den Marsala zugießen und 2 Minuten stark aufkochen.

7 Das Fleisch und die Flüssigkeit in eine ofenfeste Form umfüllen und die Pilze darüber verteilen. Etwa 6 Minuten im Ofen backen, bis sich die Aromen verbunden haben. Sofort servieren.

Erste Wahl
gemischte Wildpilze
Alternativen: Schopftintlinge *(S. 78)*
Totentrompeten *(S. 46)*

Mischpilzsuppe

Anna Del Conte

Diese einfache Suppe mit Zwiebeln, Knoblauch und Petersilie bringt das Aroma gemischter wilder Speisepilze sehr schön zur Geltung. Gemahlener Muskat und ein Klecks saure Sahne runden das Gericht ab.

Vorspeise für 4 Personen
Vorbereitung: 15 Minuten
Kochzeit: 1 Stunde

75 g Butter
100 g Zwiebeln, geschält und fein gehackt
1 Knoblauchzehe, geschält und fein gehackt
15 g glatte Petersilie, gehackt
225 g gemischte Wildpilze, gewürfelt
4 EL Milch
Salz und frisch gemahlener schwarzer Pfeffer
geriebene Muskatnuss
40 g Weizenmehl
1,2 l Gemüse- oder Hühnerbrühe
4 EL saure Sahne

1 Erhitzen Sie die Hälfte der Butter mit der Zwiebel, dem Knoblauch und der Petersilie in einer Bratpfanne und braten Sie die Mischung 3 Minuten an. Dann die Pilze hinzufügen und weitere 3 Minuten sautieren.

2 Die Milch zugeben, mit Salz und Muskat abschmecken. Noch ein paar Minuten kochen, dann beiseite stellen.

3 In einer zweiten Pfanne die restliche Butter schmelzen. Vom Herd nehmen und das Mehl einrühren. Wieder auf die Platte stellen und bei geringer Hitze anschwitzen, bis die Mischung braun wird.

4 Die Pfanne wieder vom Herd nehmen und unter ständigem Rühren (um Klumpenbildung zu vermeiden) nach und nach mit einer Kelle die Brühe angießen. Bei niedriger Temperatur wieder erwärmen.

5 Sobald die Brühe sich ganz mit dem Mehl verbunden hat, die Pilzmischung hinzugeben. Aufkochen und 15–20 Minuten köcheln lassen.

6 Mit Salz und Pfeffer abschmecken und in Suppenteller verteilen. Je einen Löffel saure Sahne in die Mitte setzen und servieren.

Erste Wahl
gemischte Wildpilze
Alternativen: Steinpilze *(S. 60)*
Wiesenchampignons *(S. 55)*

Seezungenfilets mit Pilz-Ricotta-Füllung

Anna Del Conte

Eine Füllung aus gemischten Wildpilzen und Ricotta bringt das zarte Aroma frischer Seezunge bestens zur Geltung. Sie können auch Pfifferlinge oder Streiflinge verwenden, deren Milde ebenfalls gut zu diesem Seefisch passt.

Für 4 Personen
Vorbereitung: 20 Minuten
Kochzeit: 20–25 Minuten

4 EL Olivenöl
75 g Butter
3–4 Schalotten, geschält und gehackt
250 g gemischte Wildpilze, gehackt
3 EL glatte Petersilie, gehackt
Salz und frisch gemahlener schwarzer Pfeffer
4 EL Ricotta
12 gekochte Garnelen, grob gehackt
8–10 Seezungenfilets zu je etwa 125–150 g
Weizenmehl zum Bestäuben
200 ml trockener Weißwein

1 Heizen Sie den Ofen auf 200 °C vor. Olivenöl und 15 g Butter in eine Bratpfanne geben, Schalotten darin einige Minuten sautieren, bis sie weich werden.

2 Die Pilze und die Hälfte der Petersilie hinzufügen und etwa 5 Minuten sautieren. Die Pilze in eine Schüssel umfüllen und mit Salz und Pfeffer würzen. Den Frischkäse, die Garnelenstücke und die restliche Petersilie darunter mischen.

3 Die Fischfilets auf eine mit Mehl bestäubte Arbeitsfläche legen und auf beiden Seiten mit etwas Salz bestreuen. Auf jedes Filet einen gehäuften Esslöffel Pilzmischung geben. Die Filets zusammenrollen, die Röllchen mit Zahnstochern zusammenhalten.

4 Eine große ofenfeste Form, die alle Röllchen in einer einzigen, dicht gepackten Schicht aufnehmen kann, ausbuttern. Die Röllchen hineinlegen und mit dem Wein übergießen.

5 Die restliche Butter in Flocken darauf verteilen. Im Ofen 15–20 Minuten garen. Die Röllchen mit ihrem Fischsaft servieren.

Erste Wahl
gemischte Wildpilze
Alternativen: Pfifferlinge *(S. 45)*
Rotbraune Streiflinge *(S. 50)*
Orangegelbe Streiflinge *(S. 51)*

Pasta mit gemischten Pilzen

Anna Del Conte

Diese Sauce kann man zu jeder Art Pasta reichen; zu Linguine oder Spaghetti passt sie besonders gut. Neben gemischten Pilzen eignen sich alle Pilze mit starkem Eigengeschmack, der gegen die Anchovis besteht.

Für 4 Personen
Vorbereitung: 10 Minuten
Kochzeit: 25–30 Minuten

400 g Linguine oder Spaghetti

100 ml natives Olivenöl extra

3 Knoblauchzehen, geschält und gehackt

1 EL getrockneter Oregano

300 g reife Tomaten, geschält, entkernt und gehackt, oder 1 Dose geschälte Eiertomaten (400 g)

Salz und frisch gemahlener schwarzer Pfeffer

400 g gemischte Wildpilze in Scheiben

4 Anchovisfilets, gehackt

1 Bereiten Sie die Pasta zur rechten Zeit in einem großen Topf mit sprudelnd kochendem Salzwasser zu. Da die Sauce mindestens 20 Minuten braucht, sollten Sie damit nicht zu früh anfangen.

2 Erhitzen Sie das Öl mit dem Knoblauch und Oregano 1–2 Minuten und fügen Sie dann die Tomaten hinzu. Weitere 15 Minuten kochen.

3 Mit Salz und Pfeffer abschmecken. Wenn Sie Dosentomaten verwendet haben, können Sie deren säuerlichen Geschmack mit einer Prise Zucker ausgleichen. Die Pilze und die Anchovis dazugeben.

4 Bei geringer Hitze köcheln lassen, bis alle Pilze zart sind. Das dauert mindestens 5–10 Minuten, bei bestimmten Pilzarten auch länger.

5 Die Sauce über die gekochte Pasta geben. Sofort servieren.

Erste Wahl
gemischte Wildpilze
Alternativen:
Wiesenchampignons *(S. 55)*
Steinpilze *(S. 60)*

Kartoffelgratin mit Pilzen

Anna Del Conte

Die Köche im italienischen Aostatal verwenden für dieses Rezept Fontina-Käse. Da er bei uns nicht leicht zu bekommen ist, habe ich ihn durch Gruyère ersetzt. Ein sehr schmackhaftes Gericht – aber nichts für Kalorienzähler!

Für 4 Personen
Vorbereitung: 20–25 Min.
Kochzeit: 1 Stunde

500 g festkochende Kartoffeln (z. B. Charlotte)
250 g gemischte Wildpilze
1 Zwiebel, geschält und in feine Ringe geschnitten
150 g Gruyère in Scheiben
frisch gemahlene Muskatnuss
Salz und frisch gemahlener schwarzer Pfeffer
600 ml Schlagsahne
60 ml Parmesan, gerieben
1 EL Semmelbrösel
25 g Butter

1 Heizen Sie den Ofen auf 150 °C vor. Die Kartoffeln in sehr dünne, die Pilze in etwas dickere Scheiben schneiden.

2 Eine große ofenfeste Form einbuttern und den Boden mit einer Lage Kartoffeln bedecken. Eine Lage Pilze, ein paar Zwiebelringe, etwas Gruyère, geriebene Muskatnuss und Gewürze darübergeben.

3 Weitere Schichten auflegen, zuoberst eine Lage Kartoffeln. Langsam die Sahne in die Form gießen. Parmesan mit Semmelbröseln vermischen und darüberstreuen.

4 Mit Butterflöckchen besetzen und auf einem Backblech (falls etwas überläuft) etwa 1 Stunde überbacken, bis die Kartoffeln gar sind und die Kruste goldbraun und kross ist.

5 Form aus dem Ofen holen und etwa 5 Minuten an einem warmen Ort ruhen lassen, bevor Sie das Gratin servieren.

Erste Wahl
gemischte Wildpilze
Alternativen: Steinpilze *(S. 60)*
Wiesenchampignons *(S. 55)*

Beefsteak in Pilzsauce

Anna Del Conte

Für dieses Rezept sollten Sie eine Mischung verschiedener Wildpilze verwenden, zur Not um einige Kultur- oder Trockenpilze ergänzt. Ihr Aroma sollte kräftig sein, um gegen den Rotwein und Marsala in der Sauce anzukommen.

Für 4 Personen
Vorbereitung: 15 Minuten
Kochzeit: 30 Minuten

2 EL Olivenöl
30 g Butter
2 Schalotten, geschält und sehr fein gehackt
1 EL Dijon-Senf
2 TL konzentriertes Tomatenmark
225 g gemischte Wildpilze, grob gehackt
1 EL Zitronensaft
Salz und frisch gemahlener schwarzer Pfeffer
½ EL trockener Marsala oder Sherry
6 EL Rotwein
300 ml Fleischbrühe
4 Filetsteaks zu je 150 g
4 Scheiben durchwachsener Räucherspeck ohne Schwarte
3 EL glatte Petersilie, gehackt

1 Heizen Sie den Ofen auf 200 °C vor. Olivenöl, Butter und Schalotten in einer sehr großen Bratpfanne (alle Steaks müssen nebeneinander hineinpassen) erhitzen und 3–5 Minuten anbraten.

2 Sobald die Schalotten weich und goldgelb sind, Senf und Tomatenmark einrühren. Eine Minute sacht köcheln lassen, dann Pilze, Zitronensaft und Gewürze untermischen. Unter häufigem Umrühren 2 Minuten köcheln.

3 Erst Marsala und Rotwein, dann die Fleischbrühe hinzugießen. Etwa 20 Minuten köcheln lassen.

4 Während die Sauce kocht, die Steaks würzen und in je eine Speckscheibe einwickeln. Die Päckchen auf ein Backblech legen und im Ofen 8 Minuten braten.

5 Wenn die Sauce fertig ist, das Fleisch in die Pfanne legen und fertigbraten: 2 Minuten für »englische«, entsprechend länger für rosa oder durchgebratene Steaks. Währenddessen zwei Mal wenden.

6 Die Sauce abschmecken. Petersilie darüberstreuen und sofort servieren.

Erste Wahl
gemischte Wildpilze
Alternativen: Steinpilze *(S. 60)*
Trompetenpfifferlinge *(S. 85)*

Wildpilz-Miso-Brühe

Andrew Sartain

Diese leichte, duftende, zartwürzige Brühe wird schnell, aber sanft gekocht, um all die flüchtigen Aromen der wilden Pilze und der fermentierten Sojabohnen in der japanischen Misopaste zu erhalten.

Für 4 Personen
Vorbereitung: 5 Minuten
Kochzeit: 15 Minuten

1 EL Erdnussöl

4 Schalotten, geschält und fein gewürfelt

200 g gemischte Wildpilze

2 Zehen Knoblauch, geschält und fein gehackt

1 rote Chilischote, fein gehackt

1 TL geriebener Ingwer

3 TL Misopaste, in ein wenig Brühe aufgelöst

1 l Pilzbrühe

Sojasauce zum Abschmecken

45 g frischer Koriander, Stiele in feine Streifen geschnitten und Blätter gehackt

1 Erhitzen Sie in einer großen Pfanne das Erdnussöl und sautieren Sie die Schalotten und Pilze, bis sie zu bräunen beginnen.

2 Knoblauch, Chilischote und geriebenen Ingwer hinzufügen, 2 Minuten unter ständigem Rühren sautieren. Dann die aufgelöste Misopaste und die Pilzbrühe angießen.

3 Aufkochen und die Herdplatte abschalten. Die Brühe einige Minuten durchziehen lassen, dann einen Schuss Sojasauce hinzufügen.

4 In Schälchen umfüllen, mit Koriander bestreut servieren.

Erste Wahl
gemischte Wildpilze
Alternative:
Austernseitlinge *(S. 86)*

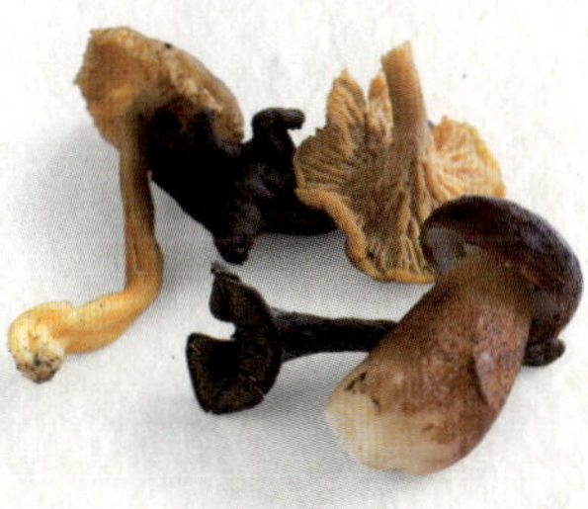

Reisgratin mit gemischten Wildpilzen

Anna Del Conte

Dieses Rezept stammt aus dem italienischen Ligurien, wo man meist Steinpilze verwendet. Gemischte Wildpilze eignen sich für diese ebenso schmackhafte wie nahrhafte vegetarische Mahlzeit aber genauso gut.

Für 4 Personen
Vorbereitung: 10 Minuten
Kochzeit: 25–30 Minuten

5 EL natives Olivenöl extra
1 Zwiebel, geschält und gehackt
2 Knoblauchzehen, geschält und gehackt
200 g tiefgekühlte Erbsen
250 g gemischte Wildpilze, gehackt
Salz und frisch gemahlener schwarzer Pfeffer
knapp 1 l Gemüsebrühe
200 ml trockener Weißwein
300 g Risotto-Reis
6 EL Parmesan, gerieben
25 g Butter

1 Heizen Sie den Ofen auf 200 °C vor. Gießen Sie 2 Esslöffel Olivenöl in einen großen, ofenfesten Topf und das restliche Öl in eine Bratpfanne.

2 Geben Sie Zwiebeln und Knoblauch je zur Hälfte in den Topf und in die Pfanne. Sautieren Sie sie in beiden Gefäßen, bis sie weich sind.

3 Die Erbsen in den Topf geben und erhitzen, bis sie gerade weich werden. Dann die Pilze in die Pfanne geben und bei hoher Temperatur 5 Minuten anbraten.

4 Die Pilze in den Topf mit den Erbsen umfüllen, mit Salz und Pfeffer abschmecken.

5 In einem großen Topf die Brühe und den Wein aufkochen, den Reis einrühren und 7 Minuten kochen.

6 Reis und Brühe in den ofenfesten Topf zu der Pilze-Erbsen-Masse geben. Den Parmesan hinzufügen, mit Salz und Pfeffer würzen und gründlich vermischen.

7 Butterflocken darauf verteilen und etwa 10–15 Minuten im Ofen backen, bis der Reis ganz gar ist und sich eine goldbraune Kruste gebildet hat. Vor dem Servieren 5 Minuten ruhen lassen.

Erste Wahl
gemischte Wildpilze
Alternativen: Steinpilze *(S. 60)*
Maronenröhrlinge *(S. 82)*

Hühnchen-Pilz-Pastete

Andrew Sartain

Hühnchen und Pilze sind eine klassische Kombination, und das aus gutem Grund. Dieses Rezept mit gemischten Wildpilzen hat einen besonders reichen Geschmack und lebt von seiner üppigen Samtsauce.

Für 4 Personen
Vorbereitung: 15–20 Min.
Kochzeit: 1 Stunde 25 Min.

50 g Butter
4 EL Weizenmehl
900 ml heiße Hühnerbrühe
90 ml Sahne (ca. 20 % Fett)
Salz und frisch gemahlener schwarzer Pfeffer
4 Hähnchenbrüste
1 EL Olivenöl
2 Knoblauchzehen, geschält und zerdrückt
4 Schalotten oder 1 große Zwiebel, geschält und gehackt
2 Selleriestangen, in Scheiben geschnitten
2 Lauchstangen, geputzt und in dicke Ringe geschnitten
4 Möhren, geschält und in Scheiben geschnitten
400 g gemischte Wildpilze, geputzt und halbiert
250 g Tiefkühl-Blätterteig
1 Ei und 1 EL Milch, verquirlt, zum Bestreichen

1 Heizen Sie den Ofen auf 180 °C vor. Für die Samtsauce die Hälfte der Butter in einem Saucentopf schmelzen, das Mehl hinzufügen und mit einem Holzlöffel rühren, bis die Masse glatt ist. Dann bei niedriger Temperatur 2–3 Minuten leicht anbräunen.

2 Temperatur erhöhen, Brühe hinzufügen und unter ständigem Rühren köcheln lassen, bis die Sauce glatt und angedickt ist. Nach 10 Minuten durch ein Sieb streichen, die Sahne einrühren und würzen.

3 Die Samtsauce in eine flache Pfanne geben und die Hähnchenbrüste darin bei niedriger Temperatur etwa 15–20 Minuten garen, bis sie durch sind. Das Fleisch aus der Sauce nehmen und würfeln. Die Sauce beiseite stellen.

4 In einer großen Bratpfanne das Öl und die restliche Butter erhitzen. Knoblauch, Schalotten oder Zwiebel, Sellerie, Lauch und Möhren zusammen etwa 5 Minuten sautieren, bis sie anfangen weich zu werden.

5 Pilze, Hähnchenwürfel und Samtsauce hinzufügen. Umrühren und in eine feuerfeste Form (Ø 20 cm) füllen.

6 Den Teig auf einer leicht bemehlten Arbeitsfläche ausrollen und die Form damit bedecken. Überhängende Ränder abschneiden. Mit der Ei-Milch-Mischung bestreichen und etwa 45 Minuten backen, bis der Teigdeckel gut aufgegangen und goldbraun gefärbt ist.

Erste Wahl
gemischte Wildpilze
Alternative: Steinpilze *(S. 60)*

Couscous mit Pilzragout

Anna Del Conte

Das Couscous in diesem Rezept nimmt die Säfte und Aromen der Pilze wunderbar auf. Wenn Sie die Würstchen weglassen, eignet sich dieses leckere Eintopfgericht auch hervorragend für Vegetarier.

Für 4 Personen
Vorbereitung: 15 Minuten
Kochzeit: 35 Minuten

100 ml natives Olivenöl extra

3 Knoblauchzehen, geschält und gehackt

1 kleines Bund glatte Petersilie, gehackt

500 g gute Schweinswürste, in 4 cm große Stücke geschnitten

400 g gehackte Tomaten aus der Dose

200 ml Fleisch- oder Gemüsebrühe

250 g Couscous

1 EL natives Olivenöl extra

500 g gemischte Wildpilze

Salz und frisch gemahlener schwarzer Pfeffer

1 Erhitzen Sie das Öl und sautieren Sie darin den Knoblauch und die Hälfte der Petersilie 2 Minuten.

2 Würstchen hinzufügen und kräftig anbraten, bis sie auf allen Seiten gebräunt sind. Tomaten hineingeben und etwa 10 Minuten kochen. Wenn das Gericht ansetzt, etwas Brühe zugießen.

3 Couscous in einem Topf oder einer Schüssel mit etwa 400 ml kochendem Wasser und 1 Esslöffel Olivenöl (oder derselben Menge Gemüsebrühe) übergießen. Quellen lassen, während Sie die Ragoutsauce fertigstellen.

4 Pilze und restliche Brühe unter die Würstchen und Tomaten mischen und etwa 20 Minuten sanft köcheln lassen, bis sie weich sind.

5 Couscous abgießen, falls er die Flüssigkeit nicht ganz aufgenommen hat, und auf Teller verteilen.

6 Etwas Ragout über das Couscous geben, mit der restlichen Petersilie bestreuen und sofort servieren.

Erste Wahl
gemischte Wildpilze
Alternativen: Wiesenchampignons *(S. 55)*
Totentrompeten *(S. 46)*

Pilze mit Petersilie und Knoblauch

Anna Del Conte

Nach diesem klassischen Steinpilz-Rezept können Sie auch andere Pilzarten zubereiten, vor allem Röhrlinge wie Sommersteinpilze, Hasen- oder Maronenröhrlinge. Testen Sie nach 15 Minuten, ob sie eventuell schon gar sind.

Für 4 Personen
Vorbereitung: 10 Minuten
Kochzeit: 25 Minuten

100 ml natives Olivenöl extra

3 Knoblauchzehen, geschält und gehackt

1 großes Bund glatte Petersilie, grob gehackt

500 g gemischte Wildpilze, in dicke Scheiben geschnitten

Salz und frisch gemahlener schwarzer Pfeffer

1 Erhitzen Sie das Olivenöl, den Knoblauch und die Hälfte der Petersilie sanft in einer Bratpfanne.

2 Die Pilze hineingeben und bei hoher Temperatur unter häufigem Umrühren anbraten.

3 Mit Salz und Pfeffer würzen und bei niedriger Temperatur etwa 20 Minuten garen, bis die Pilze zart sind.

4 Die Pilze sondern beim Garen etwas Flüssigkeit ab, die aber am Ende fast ganz eingedampft sein sollte, ohne dass die Pilze deswegen eingetrocknet sind.

5 Abschmecken und vor dem Servieren mit der restlichen Petersilie bestreuen.

Erste Wahl
gemischte Wildpilze
Alternativen: Steinpilze *(S. 60)*
Hasenröhrlinge *(S. 62)*

Wildpilz-Polenta-Auflauf

Anna Del Conte

Dieses üppige, wärmende Wintergericht ist ein norditalienischer Klassiker. Polenta, eigentlich ein einfaches Bauernessen, wird hier durch etwas Trüffelpaste in eine köstliche Gourmetspeise verwandelt.

Für 4 Personen
Vorbereitung: 1 Stunde plus 2 Stunden Abkühlzeit
Kochzeit: 55 Minuten

400 g Maisgrieß

Salz und frisch gemahlener schwarzer Pfeffer

60 g Butter (plus etwas Butter zum Einfetten)

450 g gemischte Wildpilze, in Scheiben geschnitten

60 g Weizenmehl (am besten das italienische »Tipo 00«)

750 ml Vollmilch

1 EL Trüffelpaste

120 g italienischer Fontina-Käse in dünnen Scheiben

120 g Gruyère in dünnen Scheiben

60 g Parmesan, frisch gerieben

1 Heizen Sie den Ofen auf 200 °C vor. 1 ½ Liter heißes Wasser in einen großen Topf geben und den Maisgrieß und 1 Teelöffel Salz einrühren. Aufkochen und ständig weiterrühren.

2 Den Maisbrei 5 Minuten kochen und dann in eine flache, gebutterte Auflaufform oder auf ein Backblech geben. Mit eingefetteter Alufolie abdecken und 1 Stunde backen. Mindestens 2 Stunden abkühlen lassen, dann in 1,25 cm breite Streifen schneiden.

3 In der Zwischenzeit die Butter in einer schweren Pfanne schmelzen, Pilze hinzufügen und 10 Minuten sautieren.

4 Das Mehl darüberstreuen und 1 Minute unter ständigem Rühren kochen. Vom Herd nehmen und nach und nach die Milch einrühren. Würzen, 15 Minuten köcheln lassen. Die Trüffelpaste einrühren.

5 Eine rechteckige, ca. 25 cm lange Auflaufform buttern, 2 Esslöffel Pilzsauce darin verstreichen. Eine Lage Polentastreifen und eine Lage Fontina- und Gruyère-Scheiben darauflegen, mit Parmesanspänen bestreuen. Weitere Lagen hinzufügen, zuoberst eine Schicht Sauce.

6 Im Ofen etwa 30 Minuten backen, heiß servieren.

Erste Wahl
gemischte Wildpilze
Alternativen:
Wiesenchampignons *(S. 55)*
Steinpilze *(S. 60)*

Wildpilz-Risotto

Andrew Sartain

Dieser Risotto gelingt mit allen möglichen Wildpilzarten. Steinpilze, Morcheln, Rötelritterlinge, Lacktrichterlinge und Trompetenpfifferlinge sind besonders geeignet, aber Sie können auch eine Packung exotische Zuchtpilze kaufen.

Für 4 Personen
Vorbereitung: 20 Minuten
Kochzeit: 30 Minuten

15 g getrocknete Pilze, z. B. Steinpilze
2 EL Olivenöl
2 mittelgroße Zwiebeln, geschält und fein gehackt
4 Knoblauchzehen, geschält und gehackt
300 g Arborio-Reis
500 ml Hühnerbrühe
250 g gemischte Wildpilze
1 Glas Weißwein
50 g Parmesan, gerieben
1 Stückchen Butter
1 Bund Rucola
Trüffelöl (optional)

1 Übergießen Sie die Trockenpilze mit 250 ml kochendem Wasser. Mindestens 20 Minuten einweichen lassen.

2 In einem Topf mit schwerem Boden 1 Esslöffel Olivenöl erhitzen, Zwiebel und Knoblauch sanft anschwitzen, bis sie weich sind.

3 Den Reis in den Topf geben und umrühren, damit das Öl die Körner überzieht. Einige Minuten unter Rühren anbraten, bis der Reis glasig wird.

4 Die Trockenpilze mit ihrer Einweichflüssigkeit hinzugeben und rühren, bis der Reis fast die ganze Flüssigkeit aufgenommen hat.

5 Nach und nach die Brühe zugeben und warten, bis sie aufgesogen ist. Die Menge kann variieren; nur so viel verwenden, wie der Reis aufsaugt. Bei Bedarf Flüssigkeitsmenge erhöhen.

6 In einer Pfanne die Pilze in 1 Esslöffel Olivenöl sautieren.

7 Wenn der Reis fast gar ist, den Wein angießen und weiterrühren, bis die Flüssigkeit fast ganz verkocht ist.

8 Wenn der Risotto weich und cremig ist, den geriebenen Parmesan, einige Butterflöckchen und die sautierten Pilze unterrühren. Ein paar Minuten abgedeckt ruhen lassen.

9 Mit Rucolablättern, einigen Parmesanspänen und – wenn gewünscht – einem Tröpfchen Trüffelöl servieren.

Erste Wahl
gemischte Wildpilze
Alternativen: Steinpilze *(S. 60)*
Morcheln *(S. 40)*

Huhn in Mischpilzsauce

Anna Del Conte

Für diese unglaublich cremige Hähnchenbrustsauce können Sie statt Wildpilzen auch Zuchtpilze verwenden – ergänzt um 60 g getrocknete Steinpilze, die ein ausgeprägteres Aroma haben als die Zuchtpilze.

Für 4 Personen
Vorbereitung: 10–15 Minuten plus ggf. Einweichzeit
Kochzeit: 25–30 Minuten

60 g getrocknete Steinpilze (optional)
4 Hähnchenbrüste ohne Haut und Knochen
Salz und frisch gemahlener schwarzer Pfeffer
80 g Butter
4 EL Olivenöl
4 Schalotten, fein gehackt
150 ml trockener Weißwein
2 Knoblauchzehen, sehr fein gehackt
400 g gemischte Wildpilze, grob gehackt
200 ml Gemüsebrühe
300 ml Crème double

1 Wenn Sie getrocknete Steinpilze verwenden, weichen Sie sie 20 Minuten in 250 ml heißem Wasser ein und heben die Flüssigkeit auf. Die Hähnchenbrüste einmal längs durchschneiden, salzen und pfeffern. Die Hälfte der Butter und 2 Esslöffel Olivenöl in einer Bratpfanne erhitzen, Fleischstücke darin beidseitig anbraten.

2 Die Schalotten hinzufügen und weiterrühren, bis sie weich sind. Wein angießen und energisch aufkochen, dann bei niedriger Temperatur abgedeckt 15–20 Minuten köcheln lassen. Fleischstücke dabei einmal wenden.

3 Den Rest der Butter und des Öls mit dem Knoblauch in einer Bratpfanne erhitzen. Die Pilze dazugeben und 5 Minuten sautieren.

4 Mit Salz und Pfeffer abschmecken und bei geringer Hitze 15 Minuten weitergaren. Damit die Pilze nicht ansetzen, bei Bedarf etwas Gemüsebrühe oder Trockenpilz-Einweichwasser hinzufügen. Die Crème double hineingeben und die Sauce 2–3 Minuten sacht köcheln lassen, bis sie etwas eingedickt ist.

5 Die Sauce in die Hähnchenpfanne geben, zusammen noch 5 Minuten köcheln. In eine vorgewärmte Schüssel umfüllen und servieren.

Erste Wahl
gemischte Wildpilze
Alternative: Steinpilze *(S. 60)*

Wildpilz-Pizza

Andrew Sartain

Für dieses vielseitige Rezept können Sie ganz nach Gusto und Sammlerglück alle möglichen Wildpilze verwenden, aber Steinpilze sind besonders geeignet. Frischer Thymian bringt den kräftigen Teiggeschmack zur Geltung.

Für 4 Personen (ergibt 2 große Pizzen)
Vorbereitung: 1 Stunde 15 Minuten plus 1–2 Stunden zum Marinieren
Kochzeit: 15 Minuten

Für den Teig

250 ml lauwarmes Wasser
3,5 g Trockenhefe
12 g Zucker
450 g Hartweizenmehl
7 g Salz
1 TL Olivenöl

Für den Belag

1 EL Olivenöl
200 g gemischte Wildpilze
Salz und frisch gemahlener schwarzer Pfeffer
frische Thymianblättchen
geriebener Käse Ihrer Wahl zum Bestreuen

1 Heizen Sie den Ofen auf 200 °C vor. Wasser in einen Messbecher füllen, die Hefe und den Zucker einrühren. 10 Minuten ruhen lassen.

2 Mehl in eine große Schüssel sieben, Salz untermischen. Aufgelöste Hefe und Olivenöl hineingießen. Mit einer Hand gründlich durchkneten, 10 Minuten ruhen lassen.

3 Auf einer leicht bemehlten Arbeitsfläche den Teig sanft durchkneten, ausbreiten und in drei Lagen zusammenfalten. 10 Minuten ruhen lassen.

4 Diese Behandlung vier bis fünf Mal wiederholen, jedes Mal in drei Lagen zusammenfalten. Dann den Teigball in Frischhaltefolie einschlagen und in den Kühlschrank legen.

5 In einer Schüssel Olivenöl, Pilze, Salz, Pfeffer und Thymianblätter vermischen. Pilze 1–2 Stunden marinieren.

6 Teigball aus dem Kühlschrank holen und halbieren. Jedes Stück zu einem dünnen Rechteck ausrollen und auf ein leicht geöltes Backblech legen.

7 Pilzbelag darauf verteilen und mit Käse bestreuen.

8 Etwa 15 Minuten backen, bis der Käse geschmolzen ist. Mit knackigem grünen Salat servieren.

Erste Wahl
gemische Wildpilze
Alternativen:
Wiesenchampignons *(S. 55)*
Steinpilze *(S. 60)*

Lasagne mit Pilzen und Käse

Anna Del Conte

Pilze und Käse sind eine klassische Kombination. Dieses Rezept eignet sich für jede Wildpilzmischung. Drei Käsesorten – Cheddar, Gruyère und Parmesan – machen das Gericht so nahrhaft, dass es keinerlei Beilagen braucht.

Für 4 Personen
Vorbereitung: 25 Minuten
Kochzeit: 50 Minuten

4 EL Olivenöl
25 g Butter
1 Knoblauchzehe, geschält und fein gehackt
500 g gemischte Wildpilze
Salz und frisch gemahlener schwarzer Pfeffer
300 ml Crème double
200 g Lasagneplatten (mit Ei)
150 g Cheddar, grob gerieben
150 g Gruyère, dünne Scheiben
85 g frisch geriebener Parmesan

1 Heizen Sie den Ofen auf 200 °C vor. In einer Bratpfanne das Öl und die Hälfte der Butter mit dem Knoblauch erhitzen. Sobald sich der Knoblauch verfärbt, die Pilze hinzufügen und bei hoher Temperatur sautieren.

2 Nach etwa 5 Minuten salzen und pfeffern, die Temperatur reduzieren und weitergaren, bis alle Pilze zart sind. Überschüssige Flüssigkeit ggf. bei höherer Temperatur verdunsten lassen.

3 Eine Lasagneform (30 × 23 cm) buttern und 2–3 Esslöffel Crème double auf dem Boden verstreichen. Mit einer Lage Lasagne bedecken. Ein Drittel der Pilze, dann ein Drittel der Käsespäne und -scheiben und schließlich 2–3 Esslöffel Crème double darüberschichten.

4 Wiederholen, bis Pilze und Käse (bis auf einen Esslöffel Parmesan) verbraucht sind. Mit Lasagneplatten abschließen. Rest der Crème double darübergießen, übrige Butter in Flöckchen darauf verteilen und den letzten Parmesan darüberstreuen.

5 Mit Alufolie abdecken, auf ein Backblech stellen und etwa 10 Minuten backen. Dann die Folie abnehmen und weitere 15 Minuten backen, bis sich eine goldbraune Kruste gebildet hat. Heiß servieren.

Erste Wahl
gemischte Wildpilze
Alternative: Wiesenchampignons *(S. 55)*

Im Ofen gebackene Rotbarben mit Wildpilzen

Anna Del Conte

Die Rotbarbe ist ein köstlicher und hübscher Fisch. Ihr Fleisch ist weiß und zart und doch sehr aromatisch und bildet in diesem Rezept ein herrliches Gegengewicht zu den kräftigen Erdnoten der Wildpilze.

Für 4 Personen
Vorbereitung: 10–15 Min.
Kochzeit: 35–40 Minuten

8 EL glatte Petersilie, gehackt

4 Knoblauchzehen, geschält und fein gehackt

8 Anchovisfilets, gehackt

1–2 getrocknete rote Chilischoten, entkernt und gehackt

4 EL Kapern

Salz und frisch gemahlener schwarzer Pfeffer

200 ml natives Olivenöl extra

500 g gemischte Wildpilze, in Scheiben oder ganz

75 g frische Weißbrotkrümel

4 ganze Rotbarben

Saft von 2 Zitronen

1 Heizen Sie den Ofen auf 190 °C vor. Petersilie, Knoblauch, Anchovis, Chilischoten und Kapern in einer Schüssel vermischen, mit Salz und Pfeffer würzen.

2 Etwa die Hälfte des Olivenöls einrühren. Pilze unterheben, sodass sie sich mit Öl überziehen.

3 Eine ofenfeste Form, in der alle Fische – von den Pilzen umgeben – nebeneinander Platz finden, mit etwas Olivenöl einfetten.

4 Die Pilze in die Form füllen, mit den Brotkrumen bestreuen. Mit etwas Olivenöl besprenkeln und im Ofen etwa 20 Minuten backen, bis die Krümel knusprig und golden sind.

5 Während die Pilze garen, die Seebarben innen und außen mit Salz und Pfeffer würzen. Mit etwas Olivenöl überziehen und ein wenig Öl in jeden Fisch geben.

6 Die Form aus dem Ofen holen. Die Pilze an die Ränder schieben und die Fische in die Mitte setzen. Olivenöl darüberträufeln. Etwa 15–20 Minuten backen, bis das Fleisch sich von den Gräten löst. Mit Zitronensaft beträufeln und servieren.

Erste Wahl
gemischte Wildpilze
Alternativen: Pfifferlinge *(S. 45)*
Totentrompeten *(S. 46)*

Adressen

Informationen der Deutschen Gesellschaft für Mykologie: http://dgfm-ev.de/Giftpilze

Giftinformationszentralen
einheitliche Notrufnummer: Vorwahl der nächsten Großstadt + 19240
Baden-Württemberg: Uni-Kinderklinik Freiburg, Mathildenstr. 1, 79106 Freiburg, Tel. 0761 2704361
Bayern: II. Medizinische Klinik der Technischen Universität München, Ismaninger Str. 22, 81675 München, Tel. 089 19240
Berlin und Brandenburg: Institut für Toxikologie, Oranienburger Str. 285, 13437 Berlin, Tel. 030 19240
Bremen, Hamburg, Niedersachsen, Schleswig-Holstein (GIZ-Nord): Zentrum Pharmakologie und Toxikologie der Universitätsmedizin Göttingen, Robert-Koch-Str. 40, 37075 Göttingen, 0551 19240
Hessen und Rheinland-Pfalz: II. Medizinische und Poliklinik der Universität Mainz, Langenbeckstr. 1, 55131 Mainz, Tel. 06131 19240
Mecklenburg-Vorpommern, Sachsen, Sachsen-Anhalt und Thüringen: Giftnotruf Erfurt, Nordhäuserstr. 74, 99089 Erfurt, Tel. 0361 730730
Nordrhein-Westfalen: Zentrum für Kinderheilkunde der Universität Bonn, Adenauerallee 119, 53113 Bonn, Tel. 0228 19240
Österreich: Vergiftungsinformationszentrale Allgemeines Krankenhaus Wien, Währinger Gürtel 18–20, 1090 Wien, Tel. 01 4064343
Schweiz: Schweizerisches Toxikologisches Informationszentrum, Tel. 145

Glossar

angeheftete Lamellen – nur schmal (oben am Hut) mit dem Stiel verbunden.

angewachsene Lamellen – in voller Breite mit dem Stiel verbunden.

ausgebuchtete Lamellen – Einkerbung, wo Lamelle am Stiel ansetzt.

Blätterpilz – ein Pilz mit Lamellen.

Büschel – sehr dicht stehende Gruppe, typische Wuchsform bestimmter Pilze.

freie Lamellen – nur mit dem Hut, nicht mit dem Stiel verbunden.

Fruchtkörper – sporentragender Teil des Pilzes.

Gattung – der erste der beiden Bestandteile eines wissenschaftlichen Artnamens; eine Gattung umfasst nah verwandte Arten.

gebuckelt – Hut mit mittiger Erhebung.

herablaufende Lamellen – sich auch über den oberen Teil des Stiels erstreckend.

Hülle – siehe Schleier.

Hut – oberer Teil des Fruchtkörpers.

Kollar – Ring, der den Stielansatz unter dem Hut umschließt und in den die Lamellen münden.

Konsolenpilz – Pilz mit flachen Fruchtkörpern und bestenfalls sehr kurzem Stiel, meist an Baumstämmen, manchmal in Schichten.

Lamellen – sporenproduzierendes Gewebe an der Hutunterseite von Blätterpilzen.

Mykorrhiza – Lebensgemeinschaft zwischen bestimmten Pilzen und Baumwurzeln.

Myzel – das vegetative Gewebe eines Pilzes, ein Gewirr von Hyphen (Fäden), die aus den keimenden Sporen wachsen.

Natterung – an eine Schlangenhaut erinnerndes Muster von Pilzstielen.

Pilze (Fungi) – eines der (je nach System) fünf oder sechs Reiche der Lebewesen; weder Tiere noch Pflanzen.

Poren – Enden der sporentragenden Röhren der Röhrlinge und vieler Konsolenpilze.

Ring – häutiges Band am Stiel eines Pilzes, Überrest der inneren Hülle.

Röhren – sporentragendes Gewebe von Röhrlingen und Konsolenpilzen.

Röhrling – ein Pilz mit einem gewölbten, festen Hut und Poren statt Lamellen; zu dieser Familie gehören die kulinarisch wichtigen Dickröhrlinge (Gattung *Boletus*).

Saprophyt – Lebewesen, das von verrottendem organischem Substrat lebt.

Schar – eine größere Zahl von Fruchtkörpern, die entlang einer Reihe oder in einer lockeren Gruppe wachsen.

Scheide (Volva) – häutiger Sack o. Becher um die Stielbasis, Überrest der äußeren Hülle.

Schleier (Velum) – Schutzhaut, die den jungen Fruchtkörper umschließt; das »Velum universale« (die äußere Hülle) kann Flocken oder Warzen auf dem Hut und eine Scheide an der Stielbasis hinterlassen; das »Velum partiale« (die innere Hülle) zwischen Hutrand und Stiel kann einen Ring hinterlassen.

Schmarotzer – Lebewesen, das sich von einem anderen Lebewesen ernährt, ohne etwas zurückzugeben.

Spezies – biologische Art, im zweiten Teil eines wiss. Artnamens spezifiziert.

Sporen – mikroskopisch kleine Vermehrungsformen der Pilze, die beim Reifen des Fruchtkörpers verstreut werden und in geeignetem Substrat zu einem neuen Myzel auskeimen.

Sporenabdruck – Abdruck der Sporen aus einem Hut, den man auf ein Blatt Papier legt.

Stiel – Teil des Fruchtkörpers, trägt den Hut.

Substrat – Substanz, auf und in der ein Pilz wächst (Erde, Streu, Holz usw.).

Symbiose – Lebensgemeinschaft von Individuen verschiedener Arten, von der beide profitieren.

Register

T, V

W

Z

Autoren/Dank/Bildnachweis

Susan Campbell lebt in New Forest, Hampshire, wo sie sich im Laufe der letzten zwanzig Jahre ein umfangreiches Wissen über essbare Wildpilze angeeignet hat. Sie ist außerdem Gastro-Autorin und Gartenhistorikerin mit dem Spezialgebiet Küchengärten.

Andrew Sartain hat über zwanzig Jahre als Koch gearbeitet, bevor er sich entschied, seine Leidenschaft für das Suchen von Nahrung in der Natur zum Beruf zu machen. Sein Spezialhandel für nicht kultivierte Nahrungsmittel beliefert inzwischen etliche Spitzenrestaurants des Vereinigten Königreichs.

Dorling Kindersley bedankt sich bei
Claire Tennant-Scull für das hervorragende Rezeptlektorat; Andy Overall für sein Know-how (Näheres über seine Pilzexpeditionen und -workshops unter www.fungitobewith.org); der Foodstylistin Katie Rogers für ihre Geduld und Großzügigkeit; Steve Lee und William Reavell für die atemberaubenden Fotos; Megan Brady für ihre Retouchierkünste; Sue Rowlands für die Requisiten; dem Handmodel Megan Rogers; Jane, Amanda und Rachel von Not Just Food für das Ausprobieren der Rezepte; Kenny Grant für die Unterstützung beim Design und Hilary Bird für das Register.
Andrew Sartain dankt Graham von Sheepdrove Butchers in Redland, Bristol, für die Lieferung des Bio-Fleischs und Fishworks in Redland, Bristol, für den schonend gefangenen Fisch.

Bildnachweise
Fotos von Steve Lee (Sammeltipps), Neil Fletcher (Bestimmungsteil) und William Reavell (S. 16, Zubereitungstipps und Rezepte). Zusätzliches Bildmaterial von Thomas Læssøe (S. 38ol, S. 39ol), Jan Vesterholt (S. 65) und Matthew Ward (S. 68). FLPA: John Eveson (S. 26–27); Forestry Commission (S. 20–21, S. 24–25); NHPA/Photoshot: Simon Booth (S. 22–23); Photolibrary: Botanica (S. 28–29).
Illustrationen im Bestimmungsteil von Pauline Bayne, Evelyn Binns, Dan Cole, Angela Hargreaves, Christine Hart-Davies, Sarah Kensington, Vanessa Luff, David More, Leighton Moses, Sue Oldfield, Liz Pepperell, Valerie Price, Sallie Reason, Elizabeth Rice, Michelle Ross, Helen Senior, Gill Tomblin, Barbara Walker und Debra Woodward.